U0317539

步步为赢

INTERACTION
DESIGN

＋董尚昊 著＋

交互设计全流程解析

人民邮电出版社

北 京

图书在版编目（CIP）数据

步步为赢：交互设计全流程解析 / 董尚昊著. --
北京：人民邮电出版社，2020.1（2022.10重印）
ISBN 978-7-115-52038-8

Ⅰ．①步… Ⅱ．①董… Ⅲ．①人机界面－程序设计
Ⅳ．①TP311.1

中国版本图书馆CIP数据核字（2019）第197477号

内 容 提 要

本书以互联网公司中交互设计的完整流程为基础，涵盖了设计师在设计方案过程中的所有环节。本书将交互设计理论知识和设计方法与真实案例结合，系统介绍了应用性较强的交互设计方法论，共分为4篇12章，在每章的末尾都设置了思考题，帮助读者更好地理解所学内容，希望读者能够真正做到学以致用。本书融合了国内外的交互设计理论知识与作者作为交互设计师的多年工作经验，适合初级交互设计师及希望学习、掌握交互设计知识的视觉设计师、产品经理和运营人员阅读。

本书可供从事交互设计及相关专业的人员进行产品设计时学习使用，也可作为高等院校相关专业的教材和参考书。

◆ 著　　　　董尚昊
　　责任编辑　张　斌
　　责任印制　王　郁　陈　犇

◆ 人民邮电出版社出版发行　北京市丰台区成寿寺路 11 号
　　邮编　100164　　电子邮件　315@ptpress.com.cn
　　网址　http://www.ptpress.com.cn
　　北京富诚彩色印刷有限公司印刷

◆ 开本：787×1092　1/16
　　印张：13.25　　　　　　2020 年 1 月第 1 版
　　字数：344 千字　　　　2022 年 10 月北京第 5 次印刷

定价：79.80 元

读者服务热线：（010）81055256　印装质量热线：（010）81055316
反盗版热线：（010）81055315
广告经营许可证：京东市监广登字 20170147 号

序

跟尚昊第一次见面，是在我的 UGD 大会上。当时我就对他印象深刻，觉得这个年轻人很有想法，也很好学。

后来他找我写序，我欣然应允。一方面是因为交互设计作为近年来逐渐兴起的一门新兴学科，体系化的设计方法和理论总结相对较少，即便有也很难赶上瞬息万变的行业形势。所以我非常欣慰看到有人输出新的内容，帮助这个行业更好的发展。另一方面，我浏览了目录及主要内容，发现书中不仅有交互设计师必备的实战技巧，还有背后的思考方法，这是至关重要的。

我想起一个故事，说的是一个会点金术的人来到一个村子，免费为村民点石成金。大家都带着石头排队等候，唯有一个少年两手空空。点金师好奇地问："你的石头呢？"少年笑着说："我欲求点金之手！"

尚昊的书就是这样一只"点金之手"，它传达的不仅是固定的"套路"，而是力求在思想和方法上启迪更多人。这与尚昊平时就喜欢研究各种新鲜理念，活学活用、注重总结是分不开的。

这本书可以说浓缩了尚昊这些年来的思考精华，体系化地介绍了设计师在互联网公司中用到的设计知识。其中，场景与尚昊自己总结的流程万能公式，以及苹果 iOS 和谷歌 Material Design 设计规范的对比总结，都是能迅速提升设计师交互专业度的知识亮点。

设计的美妙之处，在于它能点亮创意的天空。而交互设计是所有设计师都需要具备的一种意识和能力，它能够使你的设计方案便于用户理解和操作，从而快速达成目标，为用户、公司乃至社会创造更多价值。希望有更多的设计师，能够通过这本书更好地理解和掌握交互设计技能，在设计之路上行稳致远，用创意连接价值，点亮充满希望的天空！

我想这本书，一定会帮助更多有理想却暂时"两手空空"的年轻人，求得自己的"点金之手"。

——《破茧成蝶》系列书作者　刘津

前言

今年是我从事交互设计工作的第七个年头了。第一次接触到"交互设计"的概念，是我在德国不来梅大学读研究生的时候，选到一门"手机交互模式介绍"课程。课程里老师介绍了许多手机交互模式的特点，让我第一次认识到实现同一个功能，原来有许多种不同的方式。

回国后，我先后进入腾讯微生活、网易、宜人贷等公司工作，继续我的交互设计之路。一路不断设计各种不同类型的产品，也在不断阅读各种交互设计的书籍和文章。后来，我在爱奇艺负责视频业务小组的整体交互，接触到的需求类型更加多元。在接触了许许多多的项目之后，我渐渐发现，虽然不同项目的产品类型千差万别，但设计师做方案时用到的方法和思路总是相对固定的。于是，我尝试将这些工作经验，结合在德国学习的内容以及平时读书学习到的交互理论知识，变成设计方法和思路整理出来，慢慢就有了这本书。我的目标是希望大家能够系统地掌握交互设计的整套方法。

在组织这本书的内容的时候，我按照互联网公司中设计师实际接到产品需求后的工作流程，将交互理论和设计方法融合到工作的每个步骤里。之所以这样组织，是希望设计师在接到产品需求后，可以参考书中介绍的方法，一步步开展方案的设计，最终实现"步步为赢"。

设计的目的是满足需要、解决问题。很多人认为交互设计师的核心工作内容只是画线框图。但实际上，线框图只是设计师呈现方案的一种形式。设计师工作内容中最精华的部分，是他 / 她在接到需求后，如何对需求进行分析，以及如何从分析中找到问题的最佳解决方案的过程。这才是交互设计师的核心能力。这本书的内容，主要是介绍交互设计的思路，希望读者能够通过掌握这些思路，达到以不变应万变的效果。本书的相关配套资源请读者登录人邮教育社区（www.ryjiaoyu.com）下载。

我一直相信，一个人的价值，取决于他 / 她能为别人带来的价值。如果你想系统了解互联网工作中交互设计的设计方法，如果你想成为一名交互设计师或者用户体验设计师，相信这本书可以帮到你。

希望这本书，可以为你带来价值。

希望这本书，可以证明我的价值。

董尚昊

2019 年 6 月于北京

目录

第三篇　原型制作

第四篇　设计师的自我修养

第一篇

理解交互设计

01

第 1 章

初学乍练

——帮你把握大方向

交互设计师是做什么的？
是专门画线框图的吗？
是优化产品经理的原型图的吗？
都不是！

本章将介绍交互设计师的核心任务，
明白了这一点，就能为你的设计之路指明方向。

1.1 设计中的交互设计

　　交互设计是一门随着计算机技术的发展而产生的新兴学科。交互设计师是近年来各大互联网公司的热门职位。本章的内容旨在为大家系统学习交互设计的理论和技巧打下基础：首先，介绍设计的目的，这是一个根本性的指导原则，它为设计师进行交互设计指明了前进的方向；其次，介绍交互设计的内容；之后，介绍交互设计的系统性学习方法；最后，介绍现在互联网行业对交互设计师的要求，以便读者更有针对性的学习。交互设计是讲求有理有据地进行设计的学科。设计师要通过分析理清思路，根据逻辑安排流程，遵循原则设计界面。因此，交互设计是有"法"可循的设计学科。相信大家通过本书的学习，能快速系统地掌握交互设计的方法，成为一名优秀的交互设计师。下面，本书先从设计的目的开始介绍。

1.1.1 设计的目的：满足需要

　　这是一个设计师在第二次世界大战中立功的故事。第二次世界大战初期，德国空军曾一度取得了欧洲战场的空中优势，并且宣称"没有任何敌机能在白天飞临柏林上空"。但是在 1943 年 1 月 31 日上午和下午，英国空军战机编队两次飞过柏林上空，不但使德国原定的阅兵式被迫取消，而且让德国人夸下的海口变成了笑话。这种让德国人束手无策的战机，就是历史上赫赫有名的德·哈维兰蚊式战斗轰炸机（简称蚊式轰炸机）。它是第二次世界大战中设计最成功的飞机之一，如图 1.1 所示。

图 1.1　蚊式轰炸机

　　蚊式轰炸机是由英国的德·哈维兰（de Havilland）飞机公司设计制造的。在设计这款战机的时候，设计师充分考虑了在战争时期，制造战机的传统材料——铝很可能会匮乏，而掌握飞机金属结构制造技术的工人也将十分短缺，因此采用木材代替铝材，这样能够摆脱大型冶炼工厂和专业机械的限制，减少战略资源的消耗，降低制造难度和成本。这样的战略考虑，让英国的橱柜厂、钢琴厂、家具厂都能参与到飞机生产中，从而保证了即使在物资和人员匮乏时期，飞机仍然能够高速产出。同时，为了满足战机"生存性好"的基本需要，蚊式轰炸机取消了炮塔，并减少载员数量，让战机更轻更快。

在整个第二次世界大战期间，这款"身轻如燕"的木制轰炸机出动近 4 万架次，投下 10 多万颗炸弹，仅有 254 架被击落，平均每 2000 架次行动才会损失 1 架，战损率只有一般轰炸机的 1/3。蚊式轰炸机创造了英国空军轰炸机作战生存率的最佳纪录，成为英国人的骄傲，拥有"木头奇迹"（The Wooden Wonder）的美誉。

蚊式轰炸机的成功，与设计师充分考虑了战争的现实需要密不可分：飞机采用木制，保证了物资匮乏时代仍可以高效地制造；减轻重量，使其速度更快，能够躲避敌人的攻击。

这是一个充分体现设计学科特性的生动案例：设计有着强烈的目的性，而设计师需要考虑现实情况，在一定的限制条件下进行创作。这一点也使设计与艺术有了鲜明的区别。设计的目的是满足需要，而艺术的目的是表达艺术家对世界的看法。这一点从设计学科的发展历史中便能看出其中的渊源。

1919 年，德国成立了世界上第一所完全为发展设计教育而建立的学院——包豪斯（Bauhaus），如图 1.2 所示。从此，设计这门体现人类聪明和智慧的"可爱"学科，才算得上是真正建立起来了。

图 1.2　包豪斯校舍

包豪斯首次将"理性思维"的观念注入了设计活动中，提出了关于设计的三个基本观点：

①设计是艺术与技术的新统一；

②设计的目的是人而不是产品；

③设计必须遵循自然与客观的法则来进行。

这些观点使现代设计逐步由理想主义走向现实主义，即用理性的、科学的思想来代替艺术上的自我表现和浪漫主义。

为了实践这个理念，包豪斯实践了许多前所未有且影响深远的举措。

①首次提出要为大工业生产而设计。包豪斯主动将学校和企业界、工业界联系起来，使学生能够体验工业生产与设计的关联。这样的做法，让学生能够设计出真正符合生产标准的作品，而避免了产出看起来美好却无法量产的作品。

②包豪斯奠定了现代设计教育的结构基础。包豪斯把课程分为对平面和立体结构的研究、材料研究和色彩研究三个方面，使视觉教育第一次比较牢固地建立在科学的基础上。在此之前，设计都是被划分在艺术的门类下面，设计本身也被认为是靠感性来进行创作的一项活动。

③包豪斯首次提出了"以解决问题为中心"的设计理念。设计是为了解决问题，这奠定了设计的本质。不论是设计一个水壶，还是一款手机应用软件（Application，App），设计师都是在为他人服务，在帮使用者解决问题。

包豪斯强调形式追随功能，强调突出功能，去掉不必要的装饰，例如灯具的功能就是用来照明的。下面这个例子生动说明了包豪斯的理念，如图 1.3 所示。

（a）1900 年法国制作的台灯　　　　　　　（b）MT8 台灯，由包豪斯学校教师设计

图 1.3　台灯对比

包豪斯"以解决问题为中心"的设计理念深深地影响了设计界。设计是理性和感性的结合，并以解决问题、满足人们的需要为目的。日本最大、最权威的综合出版社之一集英社编辑出版的《日语大词典》，对"设计"一词的解释是"考量作品或者商品的美和技能（功能）而构思出来的形态"。从这个定义里，可以看到设计是美和功能的结合。中国现代设计和现代设计教育的重要奠基人之一、美国设计教育最高学府——美国艺术中心设计学院教授王受之在他的著作《世界现代设计史》中写过这样一句话："设计是为他人服务的活动。"日本当代国际级平面设计大师、无印良品（MUJI）艺术总监原研哉在《设计中的设计》一书中也有类似的表达："设计的实质在于发现很多人都遇到的问题然后试着去解决的过程。"设计更倾向于是一种社会性的行为，设计师在用自己的巧思帮助人们解决普遍遇到的问题，而"艺术说到底是个人意愿对社会的一种表达"。图 1.4 所示为艺术家毕加索的作品《格尔尼卡》和德国著名品牌博朗（Braun）设计的留声 - 收音一体机，体现了艺术作品和设计作品的对比。

（a）格尔尼卡（毕加索创作）

（b）博朗 SK5 留声 – 收音一体机

图 1.4　艺术作品和设计作品的对比

从上面的例子可以看到，无论是蚊式轰炸机还是台灯，设计师们都用精妙的创意满足了需要，因此它们都是优秀的设计。设计的目的是用设计方案来满足用户的需要，而不是单纯产出设计师认为美观的方案。这是设计过程中最重要的原则之一。在进行交互设计的过程中，它能指引设计师将精力放到解决问题上。具体到交互设计，它又有哪些特点呢？下面将进行详细的介绍。

1.1.2　什么是交互设计

交互设计是近几年逐渐兴起的一个新词，它代表了一个全新的设计领域。交互设计是设计什么的？下面的例子可以给出答案。

1979 年 3 月 28 日凌晨，美国宾夕法尼亚州哈里斯堡东南 16km 处的三里岛核电站 2 号反应堆发生了放射性物质外泄事故，事故导致核电站附近 80km 半径范围内的自然生态环境受到污染与破坏。这是人类发展核电以后首次引起世人关注的核电站事故。

事故发生后，调查组对事故原因进行了调查，发现操控员的处理以及控制室仪表盘的界面都存在严重问题。其中，控制室的仪表盘没有提供监视堆芯温度的仪表，监控阀门的指示灯只显示了电导管是否通电，却没有显示是哪里的阀门出现了问题。这样的设计使操控员在出现问题几小时后都无法确定问题发生的位置，导致问题越来越严重，最终发生了爆炸。

在这起事故中，控制室的仪表盘由于没有准确地显示问题的位置，导致维修人员对设备的修复无从下手，只能一点点排查，耽误了宝贵的抢修时间。在这个监控系统的交互设计方案中，缺

少了对关键部件的监测反馈。这个糟糕的交互设计方案成为导致事故发生的主要原因之一。图 1.5
所示为早期核电站的控制室。

图 1.5 早期核电站控制室

与核电站缺少有效反馈的原理相同，下面这个手机 App 的例子，也很好地说明了设计良好的
交互方案的重要性。当笔者在某手机 App 中某只股票的"交易"界面，输入了价格和买入的股票
数量，点击"买入"按钮后，会出现图 1.6 所示的警告框。警告框中的文案只说明了操作失败，
但没有说明原因。后来笔者几经周折，最终通过联系客服进行查询，才得知买入失败的原因是"身
份证信息已过期，需要重新提交审核"。

与之形成鲜明对比的是微信登录页错误提示的设计。当用户第一次密码输入错误时，会出现
图 1.7（a）所示的提示；当第二次输入错误时，微信会提示是否需要找回或重置密码，如图 1.7（b）
所示。找回密码对于多次输入错误的用户，可以帮助其解决"密码总是输入错误"的问题，并且
有助于用户完成登录操作，因此是合理的设计方案。

（a）　　　　　　　（b）

图 1.6 某手机 App 的错误提示　　　图 1.7 微信登录页面的错误提示

在处理错误信息这个问题上，更进一步的交互设计方案是"防患于未然"，例如支付宝转账功能的设计方案。

支付宝转账功能比较早期的方案如图 1.8 所示。用户点击图 1.8（a）中的昵称，则进入图 1.8（b）所示的页面。由于用户对"转账"行为早就有了"输入转账金额"的预期，很多用户在这个页面会马上输入转账金额（例如"244"），随即点击"发送"按钮。对方则只能收到"244"这个文本信息。支付宝的设计师发现了这个问题，于是在用户输入数字后，会在输入框的上方出现"给对方转账 244 元"的提示，如图 1.8（c）所示，点击则进入专门的转账页面。

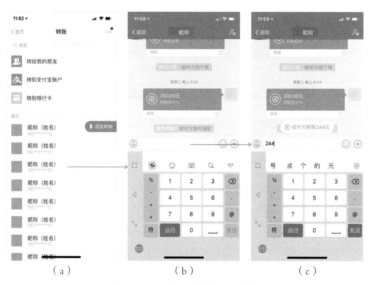

图 1.8　支付宝转账流程（旧）

后来，支付宝的设计师更进一步进行了改进：用户点击昵称后，直接进入转账页面，从流程上直接进行了优化，避免了用户犯错，如图 1.9 所示。

图 1.9　支付宝转账流程（新）

上面三个例子，都是关于错误信息处理的。用户进行操作过程中，系统或程序在用户操作错误时给予及时反馈，能带给用户掌控感，提升用户体验。反馈的设计是交互设计中重要的一部分，但也只是交互设计内容的冰山一角。那么，什么是交互设计？交互设计都包括哪些内容？

交互设计中"交互"一词，英文是 interaction，其中 inter 是"互相"的意思，action 就是"行动"，所以 interaction 直观上解释就是"互相的行动"，也就是主体行动一下，客体再行动一下，彼此往复，你来我往，如图 1.10 所示。

图 1.10　交互示意图

交互设计即设计这一系列"互相的行动"，使用户能更好地使用物品，物品能更好地服务用户。在上面核电站的例子中，监控系统一直在监测核电站的各项指标，一旦有异常，就需要发出警告，这是监控系统的行动。但在这个行动中，缺少了对关键部件的监测，因此事故出现时无法发出警告，最终酿成大祸。

"交互设计之父"艾伦·库伯（Alan Cooper）在其经典著作《About Face 4: 交互设计精髓》（*About Face 4*:*The Essentials of Interaction Design*）里写道："交互设计是设计可互动的数字产品、环境、系统和服务的实践（Interaction is the practice of designing interactive digital products, environments, systems, and services.）。"从这个定义我们可以看到，交互设计覆盖了内容丰富的领域，有数字产品、环境，还有系统和服务。在这些领域中，包含着大量人与另一个目标的互动。

由于交互设计本身覆盖了多个领域，所以交互设计与许多设计分支都存在重叠。其中，交互设计与人机交互的重叠区域最大，与工业设计、建筑设计、信息架构设计、视觉设计都有交集。本书主要介绍交互设计在移动互联网行业中的应用，它包含在交互设计与人机交互的重叠区域内，如图 1.11 所示。

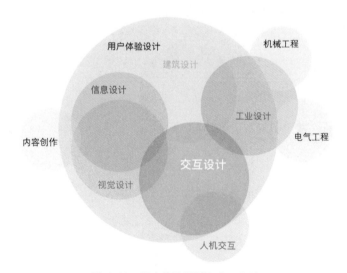

图 1.11　用户体验领域和交互设计

交互设计是对人与数字产品、环境、系统、服务等如何进行互动的设计。这些互动的过程，主要发生在若干个节点上。以用户在 ATM 机取款为例，如图 1.12 所示。

用户插入银行卡并输入密码。

（节点1）ATM机验证密码，询问用户操作何项目。

用户在ATM机上操作，给ATM机发出第一项指令。

（节点2）ATM机执行第一项指令并给出反馈。

ATM机问用户下一项指令的内容。

用户在ATM机上操作，给ATM机发出第二项指令。

（节点3）ATM机执行第二项指令并给出反馈

ATM机问用户下一项指令的内容。

（节点4）：……

图1.12　操作ATM机

通过这些节点，ATM机一步步执行用户的指令，完成取款操作。而节点与节点之间的过程，系统需要让用户明白需要做什么，发生了什么，以便进行下面的步骤。交互设计师处理的就是用户与这些关键节点的互动，让用户知道自己现在所处状态、该做什么、操作之后有何种效果这三种关键信息，辅助用户完成任务。

1.2　如何学习交互设计

前面介绍了设计的目的是解决问题、满足需要，这体现了进行交互设计时的根本原则；还介绍了交互设计是节点中人、机器、系统之间"互相行动"的设计。明确了这两点，本节继续介绍学习交互设计的方法。下面先从互联网工作中的产品的开发流程说起。

1.2.1　互联网产品开发流程

在互联网公司中，一般项目的开展都围绕一个产品进行：从产品经理最初提出想法（也就是需求），到最终落实到产品里，都有一个保证其创造过程高效、高质量产出的流程。这个流程会根据公司的规模差异而有所不同：在大公司中更完备，小公司中更简洁。下面以大公司更加完备的流程来介绍（见图 1.13 中完整流程），因为这样的流程能相对保证产品有更好的用户体验。

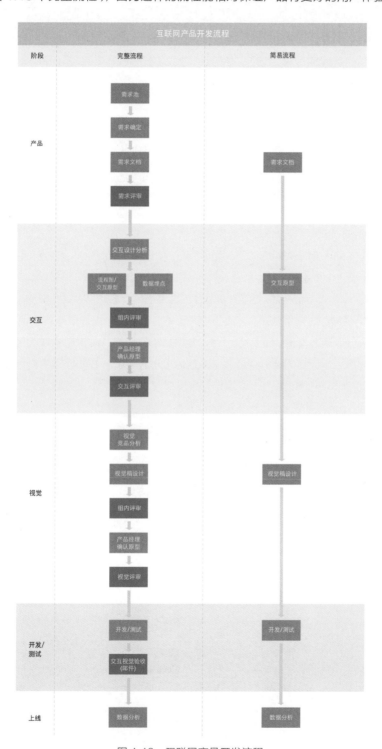

图 1.13　互联网产品开发流程

1. 产品需求阶段

首先由产品经理提出需求草稿，然后将其放入需求池。需求池中的一部分需求会因为重要程度不够或者当前技术做不到等原因被筛掉，留下来的需求就是确定的需求，产品经理会写成更详细的需求文档，然后召集交互设计师、UI 设计师、开发工程师、测试工程师等人员一起开评审会。评审会的意义，是让大家充分了解需求的内容，并讨论需求的各种细节。此时交互设计师由于对用户的了解比较多、对场景的理解比较深，是讨论的主要参与者。交互设计师此时主要的职责，是把需求还原到用户的场景中，避免伪需求的出现。

2. 交互设计阶段

需求评审之后，就是交互设计阶段。交互设计师首先需要进行设计分析，明确这个需求是要解决什么问题及竞品是如何设计的。之后，交互设计师运用设计理论、规范和原则，画出能够很好地解决问题的交互稿，并运用可用性测试对方案进行验证。交互方案确定后，需提交交互组内进行评审：该种评审的过程是邀请其他交互设计师，并向他们讲解需求的内容、设计分析的过程、方案是如何解决问题的，并请其他设计师对设计方案进行提问。这样做的目的是保证方案的质量。

在交互方案的设计过程中，设计师需要用到 9 个设计技能。这些技能在 1.2.2 节会详细介绍。

在组内评审后，设计师需要根据反馈对原型进行优化完善，然后由产品经理确认原型，以保证原型能够满足产品需求。方案确认之后，交互设计师需要召集产品经理、UI 设计师、开发工程师、测试工程师，进行交互评审，为大家讲解交互方案。参加评审的同事会从各自的角度提出一些疑问，例如 UI 设计师可能会觉得某个动效太复杂，开发工程师可能会认为某个操作易造成卡顿等。在评审会上，交互设计师也要充分说明方案设计的原因。评审会的目标是大家共同讨论出彼此都能接受的最优方案。在交互评审之后，设计师需要根据反馈再次对原型进行完善，并把原型的最终版本发送给产品经理和相关的 UI 设计师、开发工程师。交互设计阶段如图 1.14 所示。之后就进入"视觉设计"阶段。

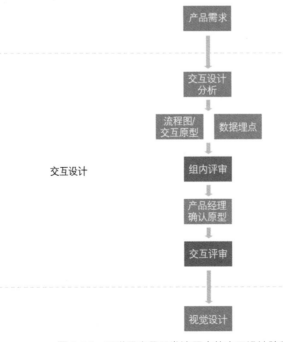

图 1.14　互联网产品开发流程中的交互设计阶段

3. 视觉设计阶段

交互设计的阶段之后，就是视觉设计的阶段。它和交互设计阶段几乎完全相同。交互设计师在此阶段的任务，主要是和 UI 设计师配合，解答 UI 设计师遇到的疑问，以及确保视觉稿与交互稿一致，并且没有交互上的问题。

4. 开发 / 测试阶段

视觉设计阶段之后是开发 / 测试阶段。交互设计师此时的主要任务是解答疑问，确保开发人员和测试人员能完全理解交互方案，以保证方案的落地。测试人员完成了对功能的测试，说明该功能已经开发完毕。交互设计师就可以开始进行交互验收，即使用这个功能，并查找功能中是否存在和交互方案不同的地方。所有的这些不同处，都需要提交 bug（问题和漏洞），请开发人员进行修改。不要小看了这一步：即使交互方案做得再完美，如果开发工程师没有按照交互方案进行开发，产品上线后还是可能出现问题，而且主要的责任还是在交互设计师身上——大家不会去追究某个错误发生的原因，只会看到这个错误发生在交互设计师负责的范围。所以验收是保证交互方案能够真正落地相当重要的一环。

5. 上线阶段

验收结束后，交互设计师需要以邮件形式发出验收结果。待所有 bug 已修复，即可用邮件发出"同意上线"的指令。在功能终于上线之后，作为交互设计师，千万不要忘记找产品经理或者用户研究员查询功能上线后的数据。数据是验证交互方案是否合理的很重要的一项指标，也是交互设计师增长经验的重要途径。

以上是大公司中的一个产品从开始到最终上线的完整流程。从中可以看到流程中每一环节都有评审的步骤，这都是为了保障最终产出物的质量。在小公司，其实只要砍掉每个环节里的评审环节，就得到了一个简化的、更快捷的流程。有的小公司里甚至可能没有交互设计师的职位，而是由产品经理或是 UI 设计师代劳。交互设计是诸多设计方法和设计思维的集合，可以帮助一个产品得到更好的用户体验。即使未来你可能不会从事交互设计师的工作，千万不要气馁，你依然可以学习交互设计的方法，并且通过运用这些方法，设计出体验良好的方案。

1.2.2 交互设计师的必备技能

笔者曾经在德国学习设计，并在德国博世、腾讯微生活、网易、宜人贷等公司工作了 7 年。笔者结合了交互设计领域的理论以及工作经验，总结出既能让设计师拥有充足的理论装备，又能在工作中做出可靠方案的 9 个必备技能，如图 1.15 所示。

作为设计师，你可能会有这样的疑问：为什么掌握了这 9 个技能，就可以胜任交互设计师的工作了呢？因为这 9 个技能涵盖了交互设计工作中所有的设计流程，掌握了它们，就可以在设计流程中的每个步骤都得到有理有据的结论，从而实现"步步为赢"。

如前所述，交互设计师的工作从接到产品需求就开始了。产品需求是对产品功能的描述，一般由产品经理提出。例如"短视频支持发弹幕"功能，就是一个产品需求。产品经理提出要开发某个功能，交互设计师在这个步骤中最大的价值，在于通过场景思维，将需求还原成用户在什么情况下会使用这个功能。这样做有以下两点作用。

图 1.15　交互设计必备技能

（1）帮助设计师判别需求的真实性。什么是真实的需求？就是用户真的会使用你提供的功能或服务来满足自己的某些需要。举个例子，如果公司听说用户想要打孔机，于是就决定销售打孔机给用户。但用户真的是需要打孔机吗？我们来看下面这个场景。

小美刚买了一幅自己很喜欢的油画，想挂在租住的房子里（见图 1.16）。在征得房东同意的前提下，她想借一个打孔机在墙上钻个孔，钉上钢钉，以便结实地挂上新买的画。

图 1.16　小美租住的房子示意

从这个场景里可以看出：小美本质上需要的其实是把油画挂在墙上，显然"买个钻孔机"对她来说成本较高。借打孔机就成为更经济的方式——毕竟打孔机这种设备一年也用不上几次。再深入思考一下，小美挂油画需要征得房东同意打孔，还需要借打孔机，这些对小美都造成了一定困难。

如果买来的油画直接附赠黏性强又方便拆卸的胶带，小美可以更方便地把油画挂在墙上，同时搬家的时候也能够顺利地拆走油画。这样的油画就满足了用户的需要，比普通油画更有竞争力。所以，买打孔机不是真实的需求，把油画挂到墙上才是。描述用户的使用场景，可以帮助设计师更了解用户，甄别出用户的真实需要。

（2）有助于设计师分析用户目标，以便后续设计方案时选择合适的交互方式。用户目标是用户对操作后能够达到的期望效果的描述。例如，在 iPad 版微信读书 App 的登录页面，设计师在普通的"微信登录"按钮下面，增加了"微信扫一扫登录"按钮。为什么需要这个按钮呢？首先，分析一下这里的用户场景。

小李刚刚在 iPad 里下载了微信读书 App，打算用 iPad 读一小时书。当 App 下载完成之后，小李打开微信读书 App，看到登录页面。小李希望迅速完成登录操作，以便开始寻找自己喜欢的书。

从场景里可以总结出，小李在登录页面的目标，是希望"迅速完成登录操作"。而在 iPad 上，用户的微信很可能是未登录状态。如果登录页面只设计一个"微信登录"按钮，那么用户点击后需要在 iPad 上先登录微信 App，再登录微信读书 App。这一点也不"迅速"。但"微信扫一扫登录"按钮则解决了这个难题，如图 1.17 所示。

图 1.17　iPad 版微信读书 App 登录页面

场景思维是设计师了解用户的有效工具。除此之外，设计师还需要了解用户的使用习惯和心智模型，它们都是长期以来固化在用户心中的认知模式，是设计师需要了解的基础知识。"不要重复发明轮子"说的就是这个道理。

通过场景思维，充分分析了产品需求之后，交互设计师需要总结出产品目标和用户目标，从而得出此次设计的设计目标。设计目标是设计师的"指南针"，它可以明确方案需要解决什么问题，满足何种需要，是好设计的基石。

明确了设计目标，下一步是开始寻找设计灵感。竞品分析是寻找设计灵感时主要使用的方法：大到产品定位、交互流程，小到页面布局、细节设计，都可以通过竞品分析来了解现有相关产品的做法。做竞品分析的动机不是为了照搬和抄袭，而是为了广泛了解已有方案，获取灵感，并结合自己产品的场景和目标合理地应用。

有了上述这些准备之后，设计师就可以开始设计流程。一般设计流程是针对比较复杂的需求才进行的步骤，如果是简单的功能，例如"登录领优惠"，就不需要进行流程的设计了。设计流程时，需要考虑需求的设计目标、用户的习惯和心智模型，同时结合竞品分析获得的灵感进行设计。具体设计方法会在第 6 章中介绍。

在设计流程之后，设计师需要依据设计原则和设计规范，进行交互原型的设计。设计原则的本质是人们根据以往的经验，总结出的通用做法。没有特殊情况，设计师都应该遵守。例如，一致性就是相同的功能在不同的页面需要保证相同或类似的交互操作体验。这样做的好处是用户在 App 里只要看到某种形状的按钮，就知道这个按钮的作用，降低了学习成本。设计规范主要规定了现成的交互控件，设计师需要掌握并正确使用这些控件，如果使用不当，一来会让用户不习惯，二来也会削弱设计师的专业性。

在方案设计完成之后，为了验证方案是否能够达到预期效果，通常要进行可用性测试。一般大型需求（如大型改版或者新开发一个 App）会进行完整的大型可用性测试，持续时间也会较长。设计师在支持日常工作中的绝大多数需求时，一般可以进行敏捷的可用性测试，迅速验证方案。

从以上介绍的设计流程里可以看到，本书涵盖的 9 个技能都是穿插在交互设计流程的每个步骤里。掌握了这些技能，将助你在设计方案时"步步为赢"。

1.2.3 交互设计的学习方法

学习基础知识和技能，然后进行实践是高效进行交互设计学习的"秘诀"。这不仅是学习交互设计的可靠方法，也是学习很多学科的方法。

具体来说，首先，学习者需要掌握基础的理论知识，因为理论的本质是前人总结出来的规律，它为学习者的大脑提供了思考的捷径，让学习者在实际进行设计的过程中，可以按照前人的经验进行思考，从而事半功倍。书中总结出的 9 个交互技能，其实就是 9 个总结好的规律，它们可以帮助学习者少走弯路，用最小的投入得到最合适的方案。

另外，理论的价值还在于为学习者提供了思考的方向。例如，古人看到太阳东升西落，于是就想当然地以为太阳、月亮这些天体都是围绕地球运转的，甚至在中世纪的欧洲，不相信地心说的人还会被教廷严厉惩罚。但地心说对于解释天体的运动规律有许多难以自圆其说的缺陷。直到哥白尼提出日心说的理论并得到验证，天体运动的规律才得到了更加合理的解释。图 1.18 所示为地心说和日心说的理论模型。设计师在进行交互方案设计时，也需要使用正确的理论，才能做出优秀的方案。

其次，了解理论不等于掌握了理论。判断学习者是否真的掌握了知识点，一个重要的标准是其是否懂得如何运用。实践是学习如何运用理论的最好方式。"纸上得来终觉浅，绝知此事要躬行"是一句很实在的感悟和建议。基于此，本书在每章的最后都有"思考题"。大家可以结合书中内容思考一下提出的问题，给出自己的答案。

相信大家通过学习基础知识，不断进行实践，可以逐步掌握书中的每个知识点。

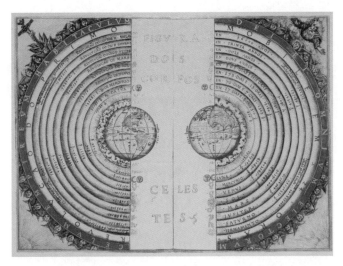

（a）地心说

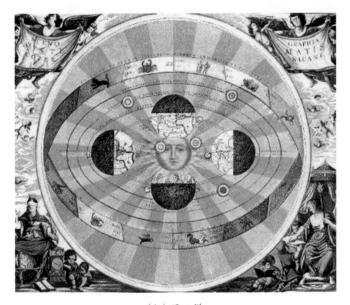

（b）日心说

图 1.18　地心说和日心说的理论模型

1.2.4　大型公司交互设计师招聘职位分析

作为交互设计师，能进入一家流程更完整、团队更专业的大公司工作，对自身的成长十分有利。那么，什么样的设计师才能进入大公司呢？笔者分析了几家大型互联网公司的交互设计师职位的招聘要求，其中发现许多共通点。

本次分析了阿里巴巴公司、腾讯公司、网易公司共 22 个交互设计师职位的招聘信息（时间为 2018 年 3 月 31 日），对职位的选取主要注重其权威性和全面性（见图 1.19）。

图 1.19　部分知名互联网公司

　　其中选取了阿里巴巴公司 9 个招聘职位，既包括了蚂蚁金服、阿里云、信息平台这些相对成熟的业务，也包括了菜鸟、新零售、OS 事业部、车机交互等比较新潮的职位。

　　选取了腾讯公司 9 个招聘职位，包括腾讯浏览器、天天快报、腾讯云这些明星产品，也包括智能平台（探索方向）、王者荣耀游戏、车联网等发散方向的职位。

　　选取了网易公司 4 个招聘职位，包括网易云音乐、网易考拉等明星产品。

　　这些招聘职位的级别既有普通设计师，也有高级 / 资深 / 专家设计师，甚至管理岗位的设计师。

　　所有的招聘信息都分两个部分：岗位描述（设计师需要来做什么）和岗位要求（对设计师有怎样的期待）。下面从这两个方面进行分析。

1. 岗位描述

　　通过对招聘信息的分析，相关岗位的描述归纳为以下几项。

　　①日常需求：该类别指日常业务需求的交互设计支持，主要指 App 版本迭代的交互方案输出。版本迭代主要要求设计师能够通过交互方案来满足产品目标和用户目标。

　　②体验优化：主要通过用户研究、可用性测试、数据分析、竞品分析、后台用户反馈分析等方法来提升 App 的用户体验。

　　③需求分析和分解：指与产品经理沟通需求，并将产品需求进行拆解的能力。

　　④团队配合，推动落地：交互设计师做出方案后，需要配合产品经理、UI 设计师和开发工程师、测试工程师，将方案落实到线上版本。

　　⑤交互方法和理论：交互设计师需要掌握交互设计的方法和理论。对应本书中的内容，主要指场景理论、设计目标的方法以及设计规范。

　　⑥熟悉具体某方面知识：例如招聘岗位是语音交互设计，那么设计师需要了解语音交互方面的知识。零售店的体验设计等岗位同理。

　　⑦创新和行业发展：该部分提及较少，作为加分项。

　　以上是作为初级设计师的要求。如果是高级设计师，不仅对上面几项的要求会更严格，还需要加入以下两项。

　　⑧设计规范和框架制订（高级 / 资深 / 专家）：设计规范部分，要求设计师能够为团队制订统一的设计规范，使团队的设计达到一致性和高质量。而 App 框架的制订，则是考虑产品的功能特点和框架的特点，选择适合的框架。

⑨团队管理和提升（资深 / 专家）: 帮助团队提升设计能力。

2. 岗位要求

通过对招聘信息的分析，相关岗位的要求归纳为以下几项。

①独立设计: 能够独立完成某个功能的交互设计。

②流程图、原型（包括动态演示）: 交互设计师需要能够设计出恰当的流程，并画出表意清晰、控件运用准确得当、信息层级清楚的原型。会制作动态演示原型，这不是所有岗位都要求的必备技能，而是一个加分项。

③软实力: 主要包括逻辑能力和同理心、表达能力。

④熟悉某行业知识: 设计师需要了解岗位所在行业的基础知识。建议应聘者在面试前搜索所应聘公司相关行业的知识。

⑤专业、学历: 大公司对专业和学历的要求较高，但如果作品集很精彩，要求也会适当放宽。

⑥多终端: 越多样的终端对设计师会越有利，手机、iPad、个人计算机、智能硬件……交互设计的原则在各种终端都是通用的。

⑦积极的态度: 要有激情！能抗压！一般有这样要求的职位，应聘者也要提高警惕: 要么是加班比较多，要么是领导比较强硬。总之提前通过别的渠道多打听一下为妙。

以上是对于初 / 中级设计师的要求。乍看起来要求比较多，但其实细想起来，基本都是比较基础、合理的要求。其中前三项是最重要的，需要重点准备，后面的项目只要满足基本的标准即可。

对于高级别的设计师，除了以上几项，主要还有以下三项。

⑧大型项目或管理经验: 经历过大型项目，一般指 App 的大改版，或者独立负责一个 App 的设计。

⑨设计策略: 为团队制订大的设计方向，把控整体风格。

⑩团队提升: 帮助团队成员提升能力。

通过以上的分析，可以总结得出以下的结论。

对于初级设计师，主要要求设计师能够对某个功能做出合理、有效的交互方案。交互设计是一个偏理性的过程，其中有很多设计方法、原则、规范，能够辅助设计师做出优秀的方案。

对于高级甚至专家级设计师，则需要从更宏观的角度对 App 的交互设计进行支持，例如设计策略的制订、设计规范的制订、框架的制订、成员能力的提高等。这一方面需要设计师掌握基础的交互设计方法、原则、规范；另一方面需要设计师在实际工作中不断运用、总结、升华。无论何种情况，交互设计基础知识都是设计师不断成长的根基。

思考题

1. 请说说你对交互设计的理解。

2. 系统学习交互设计，需要哪几方面基础知识?

3. 如果要去互联网公司工作，一名优秀的交互设计师应该具备怎样的素质?

第二篇

设计分析

02

第 2 章

登堂入室

——目标用户和场景

有一个设计优秀、价格亲民的服装品牌，

其目标用户定位在 20~35 岁的消费者。

这一年龄段的消费者时尚敏感度高，

但尚不具备购买顶级服饰品牌的能力。

由于目标用户定位精准，这一品牌取得了巨大的成功。

在互联网领域，设计师在设计一款产品之前，

也需要明确产品为哪个用户群体而设计。

不仅如此，设计师作为用户体验的"守护者"，

需要明白用户为什么要使用你的产品？

用户使用某个功能，最在意的是什么？

这一切都能通过不断还原用户的使用场景来找到答案。

人们常说，交互设计师要有同理心，

"场景思维"就是帮助设计师理解用户的工具。

2.1 确定目标用户

著名的美国设计理论学家维克多·帕帕奈克（Victor Papanek）认为，设计是为构建有意义的秩序而付出的有意识的、直觉上的努力。他认为设计有两个步骤。

第一步：理解用户的期望、需要、动机，并理解业务、技术和行业上的需求与限制。

第二步：将这些知道的东西转化为对产品的规划（或者产品本身），使产品的形式、内容和行为变得有用、能用、令人向往，并且在经济和技术上可行。

理解用户的期望、需要、动机是进行设计的基础准备工作，它为设计方案指明前进的方向，奠定成功的基础。要做到准确理解用户的期望、需要、动机，需要做到两点：一是需要明确目标用户是谁；二是需要运用场景的方法还原用户的使用情景，以便更好地理解用户的需要。本节介绍如何确定目标用户，下一节介绍场景思维。

目标用户是产品主要服务的群体。例如，同样设计一款手机，用户群体不同，设计的方案可能截然不同，如图2.1所示。

（a）华为 P30 Pro 手机　　（b）朵唯"朵喵喵"手机　　（c）中兴老人机

图 2.1　针对不同用户的不同设计方案

处于不同发展阶段的产品，可以使用不同方法确定产品的目标用户：

• 对于已经处于成熟期的产品，可以通过分析用户的属性和行为数据，得到目标用户的画像；

• 对于处于拓展期的产品，需要进行市场调研、竞品分析，根据公司策略明确产品的目标用户人群；

• 对于从无到有的产品，一方面有赖于产品经理对于产品的定位和嗅觉，捕捉潜在用户，满足他们尚未被满足的需求；另一方面也要通过市场调研，分析竞品来确定用户。

一般来说，公司中的用户研究员或者产品经理会确定产品的目标用户，交互设计师只需直接采用他们的结论就好。

目标用户确定之后，为了更形象、具体地描述出目标用户的特征，也为了让目标用户能够更有效地被项目成员了解，设计师可以使用"人物模型（Persona）"方法，将目标用户的形象具体化。

交互设计大师艾伦·库伯在他的著作《About Face 4：交互设计精髓》里提出："人物模型来源于研究中真实用户的行为和动机。人物模型是'合成原型'（Composite Archetype），建立在调查过程中发现的行为模式基础上。"库伯的描述中说明人物模型是"合成原型"，它指人物模型根据对用户的调查的结果，将目标用户群体用标签来描述，是一系列标签合成制作出的。因此，人物模型是将一群用户的特征集合而成的"虚拟人物"。

人物模型的本质是一个用以辅助沟通的工具，它能够帮助项目中不同角色的成员（如产品经理、设计师、运营人员、开发工程师、测试工程师）更好地理解目标用户。人物模型最大的价值，在于它把目标用户变得具体、凝练、易于认识和讨论。其实，在许多公司中，大家都有目标用户的概念，都清楚产品应该为目标用户的需要而设计。但"目标用户"是怎样的？有什么特征？在某种特定的情景下用户有什么需求？这些问题在讨论中往往会变成没有人能给出确切答案的疑问，讨论方案的效率和效果会因此大打折扣。

而人物模型通过使用一系列标签，创造了目标用户的"集大成者"。有了人物模型，项目中的成员在讨论某个功能时，就可以直接这样讨论："目标用户李明是个'数据控'，他肯定需要这些详细数据。"

具体来说，制作人物模型有以下 4 个作用：

①提供设计基础，提升设计的效率；

②与产品经理、开发工程师和其他设计师讨论时提供依据；

③便于实施精准营销，分析产品潜在用户；

④业务经营分析以及竞争分析，为公司战略提供建议。

在实际工作中，应该如何确定目标用户的人物模型？这里为大家介绍人物模型四步法，具体内容如下。

1. 调查用户

调查用户是指通过定性研究和定量研究的方法获得关于用户的想法、行为、数据等信息。定性研究是指在一群小规模、精心挑选的样本上进行的研究，通过研究者的洞察力、专业知识、过往经验挖掘研究对象行为背后的动机、需要、思维模式，其更多解决的是用户"怎么想"的问题。像用户访谈、焦点小组、卡片分类、日记记录等方法都属于定性研究的范畴。定性研究回答的是"什么是""怎么样"，以及"为什么"等较为抽象的问题。定量研究是指对事物进行测量和分析，以检验研究者自己关于该事物的某些理论的假设。定量研究的方法有问卷调查、A/B 测试等。定量研究回答的是某个具体的问题，如某个变量在 7 天内增加了多少。

例如，团队需要调查用户对某 App 金币商城的满意程度，分别用定性研究和定量研究的方法区别如下。

● 定性研究：通过对用户进行访谈，询问"上次使用金币商城有什么体验""上次使用时遇到了什么问题"等问题进行研究。

● 定量研究：通过研究用户的 3 日留存、7 日留存、人均金币消耗量等数据进行研究。

2. 寻找关键变量

所谓关键变量是指用户在使用目标产品或服务时，导致其行为产生差异的核心因素。判断一个因素是否为核心因素，关键在于用户使用产品的目标和动机、过去 / 现在 / 未来的行为，而不是性别、年龄、地区等人口统计学特征。对于关键变量需要考虑以下 5 个因素：

● 与目标产品、服务的关系；

● 对目标产品、服务的观点及态度；

● 相关竞品、服务的使用情况；

● 使用相关产品、服务的情景；

● 当前面临的问题或障碍。

例如，当设计师需要研究一款可穿戴设备的目标用户画像时，这些用户对于身体信息的监测的态度，以及对现有可穿戴产品的态度，都会对功能设计、交互设计有很大影响，因此在制作人物模型的时候必须调查清楚。

除了以上 5 个因素，还需要考虑一类关键变量：产品类型。举个例子，如果你的产品是有科技含量的产品，那么"对技术产品的使用程度"就需要纳入关键变量，例如：

- 对互联网的使用程度；
- 对硬件产品的使用程度；
- 对 App 的使用程度；
- 对新技术的观点、态度；
- 对硬件设备的操作水平。

关键变量确定之后，需要使用关键变量衡量表，表现出用户在这些关键变量上的特征。

调研可穿戴设备的关键变量衡量表示例如图 2.2 所示。

图 2.2　关键变量衡量表示例

3. 数据归类

当团队通过第一步"调查用户"收集了足够的用户信息，也有了关键变量衡量表，下一步需要把用户的信息用关键变量表示出来，如图 2.3 所示。

图 2.3　在关键变量表上填上用户信息

用户信息分布较多的信息点，就是目标用户的标签。之后，设计师可以根据标签提炼出用户的目标和痛点。

4. 形成人物模型图

最后一步是用一张图片，表现出设计师通过分析总结出的目标用户的特征，从而形成人物模型图，人物模型图展示的信息包括以下内容：姓名、照片、年龄、职业、所在地、工作状态、家庭状态、兴趣、做事情的意愿、目标、遇到的挫折、个人小传、对某类事物的态度等，如图 2.4 所示。

图 2.4　人物模型示例

需要注意的是，艾伦·库伯指出，对于同一个项目，人物模型最多只能做 3 个。对于一般的项目，一个主要人物模型就能满足设计需要。除了主要人物模型，还可以建立一个次要人物模型。产品的功能和设计，需要首先满足主要人物模型的需要。对于次要人物模型，只要在用户需要的时候能够找到功能的操作入口即可。关于这一点，在主次场景部分有更详细的介绍。

2.2 场景思维

作为一名交互设计师，在确定了目标用户之后，下一步需要运用场景思维理解用户的期望、需要和动机。设计的目的是满足需要，只有先理解了用户的需要，之后才能想办法通过设计方案去满足。

2.2.1 什么是场景

场景（Scenario）原是一个戏剧领域的词，意思是"剧情概要"，也就是用简短的话描述发生的事情。后来由玛丽·贝斯·罗森（Mary Beth Rosson）和约翰·M. 卡罗尔（John M. Carroll）两位设计师，在他们编写的《可用性测试：场景基础上的人机交互》（*Usability Engineering: Scenario-Based Development of Human-Computer Interaction*）一书中首次将该词借用到交互领域。他们提出，将设计工作的焦点从"定义系统的操作"转变到"描述什么人将使用该系统去完成其任务"。这是一个伟大的视角转变。在这之前，设计者总是在思考如何去定义人们使用的系统和应用程序，人们在拿到应用程序之后，需要去学习如何使用这些应用程序以完成任务；而"以场景为中心"的概念，则强调要以人的需求为中心，系统和应用程序要去帮助人们满足他们的需求。这也是计算机界以人为本的革命了。

DOS 操作系统需要用户记住各种命令的代码（如输入"MD"，可以执行创建一个目录的命令），来对计算机进行各种操作。这很像十几年前的家用电器，用户需要通过阅读使用说明书才能学会如何操作。而苹果计算机的操作系统从用户角度出发进行设计，将操作变得简单化，用户可以不用太多的学习，就能掌握绝大多数操作，如图 2.5 所示。

（a）DOS 操作系统

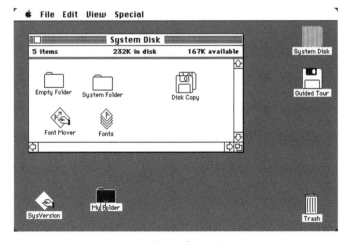

（b）早期苹果计算机操作系统

图 2.5　DOS 操作系统和早期苹果计算机操作系统

判断一个设计方案的好坏，最基础的条件之一是设计方案有没有满足需要。场景思维正是帮助设计师发掘用户"需要完成的操作"的最有效工具。如果一开始基础的方向就找错了，那么后来所做的一切，都只能是南辕北辙、缘木求鱼。

好的设计解决问题。交互设计是一门把抽象的需求转换为具象的界面的学科。而需求来源于用户在生活中遇到的各种问题。这些问题包含在一个个场景之中。设计师有了场景的思维，就可以更清晰地描述出用户的生活片段，从而确定用户的需求，并在此基础上用交互方案满足需求。

举个例子，某产品经理提出如下需求：

App 添加"商品列表按照价格从低到高排序"的功能。

如果单纯只看这段描述，该描述定义了 App 中的一个功能，但作为设计师很难理解为什么需要设置这个功能，以及用户为什么需要进行排序操作。如果使用场景思维来思考：用户搜索某种商品，在列表页会列出一长串商品，而用户此时只想快速找到符合要求的那一个；有些用户在挑选的时候，会需要找出价格便宜的，此时排序功能就是用户的需求。通过还原用户的场景，设计师会更清楚地理解需求发生的环境，便于做出好设计。例如，沿着排序场景的思路，可以进一步思考：有这样需求的用户在我们的 App 用户里多吗？如果多，那么意味着用户经常需要进行排序操作，所以在设计的时候，可以把排序的入口设计得明显一些，更容易操作一些，方便用户更轻松地进行排序。

2.2.2 描述场景的公式

既然场景思维很重要，那么设计师在做交互方案的时候，如何去描述一个场景？这里为大家提供一个公式：

场景 = 特定类型的用户（Who）在某时间（When），某地点（Where），周围出现了某些事物时（With What），萌发了某种需求（Desire），会想到通过某种手段（Method）来满足需求。

这个公式可以简单记忆为"条件需求公式"：目标用户，或者说人物模型总结出的用户，在一定的时间、地点，在出现某物的条件下，产生某种需求，通过某种手段来满足。

使用这个公式，可以将用户的生活片段进行"面面俱到"的描述，不会漏掉对设计有用的关键因素。例如使用该公式，描述某食材 App 用户的使用场景：

小美（用户）在周五晚上（时间），回家的地铁里（地点），收到了 App 设置的备忘提示（出现某物），想起了要购买周末在家做饭的食材（需求），于是打开某食材 App（手段）进行挑选。

从这个场景来发掘，可以发现以下 3 个设计机会点：

①小美在地铁上，可能需要进行单手操作；另外手机信号可能不稳定，需要注意无网络等情况的提示；

②小美有周五购买周末食材的习惯，App 在周五晚上推送的转化率会比较高；

③小美设置了备忘，说明她应该经常使用 App 购物，可以根据购买历史进行推荐。

通过使用"条件需求公式"，设计师可以将用户的实际情景具象化，并用要素将情景表达出来，从中发现设计机会点。

2.2.3 场景的分类

生活中有很多场景，设计师在分析需求的时候，如何覆盖到完整的场景？这要从两大类场景入手：用户场景和硬件场景。其中，用户场景分为客观场景、目标场景和实际场景。然后针对每一种场景，找到主要场景和次要场景，如图 2.6 所示。

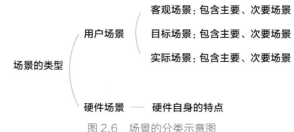

图 2.6　场景的分类示意图

①先从用户场景中的客观场景说起。客观场景就是用户在生活中遇到的真实情况的概括。客观场景用于发现新需求，也用于了解产品的用户。以打车这个场景为例，举一个客观场景的例子：

公司职员王先生（用户）18：00（时间）下班（出现某物），需要打车回家（需求），在公司门口找出租车（地点），可是一直找不到，最终步行 2km 到附近的商场才打到了车（手段），而且发现商场附近待揽客的出租车非常多。王先生觉得非常郁闷，"为什么资源不匹配呢"。

可见，客观场景是对用户真实遇到的情形的概括，而且特别强调用户遇到了哪些麻烦，或者有哪些需要没被满足。这些麻烦和没被满足的需要，也成为产品能够发力的地方。

②下面举一个目标场景的例子：

公司职员王先生（用户）18：00（时间）下班（出现某物），需要打车回家（需求）。王先生在 17：50 时，打开"滴滴打车"App 可以看到公司附近有很多出租车，王先生输入出发地和目的地确认打车。30 秒后出租车司机李师傅接单，王先生可以在手机上清晰地看到李师傅的车辆位置，10 分钟后王先生成功上车。到达目的地后，王先生用手机在线支付了打车费，开心地回到家陪女儿吃晚饭（手段）。

从上例可以看出，目标场景是描述用户使用某个产品，达成心中目标的过程。

③实际场景主要用于可用性测试。它是由用户在实际的参与式体验过程中测试目标场景，进行产品的测试及适用性评价。

以上三个场景，构成了设计师做设计时一个较为完整的流程：客观场景还原用户的真实生活片段，重点用于发现用户的问题；目标场景描述用户如何使用公司的产品来解决遇到的问题；实际场景用于对用户进行测试，验证用户是否能够顺利地完成操作，是否能够使用设计方案解决问题，如图 2.7 所示。

在实际设计工作中，运用最多的是目标场景，它也是其中最重要的。客观场景帮设计师描述用户遇到的问题，它为目标场景的确立打下基础，同时与产品经理讨论需求的时候使用较多；实际场景是用来验证设计方案是否真的解决了用户的问题，只运用在可用性测试里；设计师主要依托目标场景来进行方案设计。所以，描述目标场景是重中之重。具体的操作需要使用上面介绍的"条件需求公式"，然后通过下面两个方法进行。

图 2.7　完成设计流程中对场景的应用

①有目标地体验与自己产品类似的产品或者功能。在体验开始前设定一个目标，然后使用已有产品去完成这个目标。例如，如果设计人员要为一款电商 App 设计搜索功能。首先设定一个目标"购买 300 元以内耐克黑色运动短裤"，然后用这个目标体验淘宝、考拉、京东等 App 的搜索功能，观察竞品如何实现用户的目标，从而反向思考竞品对于目标场景的设定。

②寻找类似的场景，从而获得目标场景的信息。这里跟大家分享腾讯社交用户体验设计（Internet Social User Experience, ISUX）设计师的案例。设计师在为 QQ 空间的封面图做设计的时候，把"用户挑选封面图"的场景和"女生逛街挑衣服"进行了类比：用户在为自己的个人页面设置背景的时候，主要目的是让自己和访客的视觉体验愉悦，展示自己的审美、风格；而女生挑选衣服时，不同品牌的店出现在面前，女生首先做的是感受各家店的服饰风格，然后走进符合自己风格的店去看衣服的样式，看到特别喜欢的衣服后，会挑出来更仔细地看。对于那些不喜欢的风格的店，女生们通常不会进去看衣服的样式。因此个人页面的背景设置，也应按照风格分类，而且分类务必清楚、风格明确。通过寻找与自己的产品类似的场景，可以帮助设计师理解清楚自己产品的目标场景。

总结一下，用户场景分三类：客观场景、目标场景和实际场景。在每一类场景中，存在很多个细分场景。例如，公司职员王先生打车的目标场景，可以分为立即打车、预约打车、为别人打车等。设计师在设计方案时，应该以哪个细分场景为准进行设计，需要设计师分出主要场景和次要场景，以及极端场景。设计师的设计方案主要服务于主要场景，兼顾次要场景和极端场景。

主要场景服务于产品目标用户中的主要人物模型，即 App 的主要使用者。例如想打车的王先生，主要场景是立即打车。设计方案主要为其服务，需要保证其可以轻易找到所需功能，并轻松使用。次要场景服务于对 App 有更高要求、更定制化服务的次要人物模型。预约打车、为别人打车，就属于次要场景。次要人物模型的需求是小众需求，设计方案需要保证用户在想要使用的时候，即使多点击几次，只要找到即可。极端场景服务于第一次来到页面、页面尚没有内容、页面网络连接不好或者页面状态改变时的情况。例如 App 上线了拼车的新功能，或者网络无连接时展示的页面，就属于极端场景。

笔者之前做过"网易新闻 App 视听标签改版"的设计，在分析视听标签的用户和场景的时候，也用到了主次场景的区分。

在进行改版设计之前，笔者首先分析了视听标签的目标用户：漫无目的的浏览型用户占主体，他们的目的主要是消费热点视频和音频；另外还有一部分用户来到视听这个标签，主要是消费某类 /某个视频、音频，他们是有明确目标的一批用户，如图 2.8 所示。

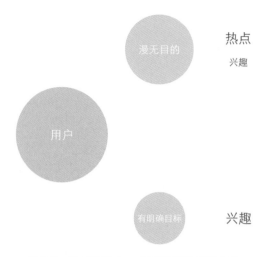

图 2.8　网易新闻 App 视听标签的用户分析

明确了用户的情况，下面来分析场景：由于大多数人是漫无目的地来到视听标签，所以主场景描述的就是这种情况；而次要的场景，如消费某个类别的视频、音频，以及消费事先下载好的视频、音频，是设计方案需要满足但不做主要强调的功能。

主要场景：公司职员王先生下班回家后，用网易新闻看了一会今天的要闻，想放松一下看看短视频，于是点击试听标签开始随意浏览。

次要场景 1：公司职员小美最近在学习炒股。她在开车前找到了自己一直关注的股票电台，开始收听电台内容。

次要场景 2：超市职员小赵在回家的公交车上，为了打发时间，他开始听提前下载好的"轻松一刻"音频，放松一下心情。

综合上述分析，方案以提供更好的浏览体验为核心，提供了分类、标签、跟帖露出等辅助信息；同时在页面顶部，提供了"我的下载""我的关注"等功能入口，满足次要场景，如图 2.9所示。

在考虑了主次场景之后，是否考虑极端场景是考验设计方案是否缜密完整的一个重要方面。这里为大家总结了用户操作中可能发生的异常情况：

- 首次使用时的新手引导；
- 首次使用时没有数据的情况（如用户没有关注时的关注页面）；
- 页面无响应、无网络，大量数据，网络慢，是否有缓存，数据过期，状态的改变（如换城市）等。

最后来说说硬件场景。现在各种硬件设备层出不穷，硬件本身的特点也都各不相同，这就需要设计师在设计的时候把硬件的特点考虑在内。以手机为例，网络不稳定、安卓（Android）系统的物理返回键（也包含虚拟返回键）、音量控制键等都是关于 App 的载体的情况，设计师需要了然于心，才能设计出一个没有漏洞的方案。

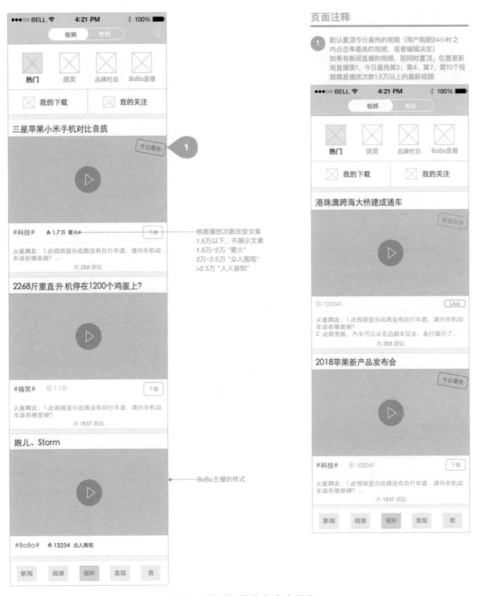

图 2.9　视听标签优化方案示意

2.3 用户场景地图

可能大家都听过"用户体验地图"，但什么是"用户场景地图"呢？这里先为大家介绍用户体验地图，然后介绍用户场景地图。

1. 用户体验地图

用户体验地图是一种梳理体验问题的设计工具。它是用可视化的形式，将用户在经历一个过程中的主要体验都表现出来，并将用户的所做、所思、所感都分别展现，以便设计师更全面地了解产品带给用户的体验，以发掘可以优化的地方。例如，某天你去北京旅游，用户体验地图就是用图形的形式，将你在北京的一天活动情况记录下来，其中包含着这一天你去过的景点，以及在每个景点的体验。

使用用户体验地图，主要有以下两个作用。

①定位用户使用产品过程中的体验痛点。

②图形化展示产品利弊，有利于团队更好地交流和讨论，共建解决方案。

使用淘票票 App 购买电影票的用户体验地图如图 2.10 所示。

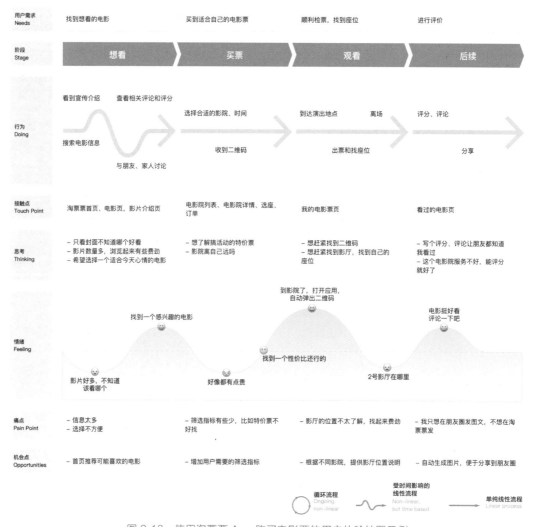

图 2.10　使用淘票票 App 购买电影票的用户体验地图示例

由于用户体验地图中将用户的行为、思考、情绪、痛点都列了出来，尤其是使用曲线图表示用户情绪的起伏变化，这对于发现产品劣势环节十分有帮助。

制作一张用户体验地图，一般需要 4 步。

①前期准备工作：通过观察记录、行为研究、调查问卷、访谈用户等方法，获得大量真实有效的用户数据。用户体验地图基于事实梳理用户使用中的问题，所以第一步收集用户数据是十分必要的。

②确定关键节点：分析上一步调研的记录，将有价值的记录转化成用户的行为（Doing）、情绪（Feeling）、思考（Thinking）。

行为：我 + 动词。例如：我购买商品。

情绪：我觉得……。例如：每次使用 App 都提示我登录，我觉得好生气。

思考：我认为……。例如：我认为详情页再方便一点就好了。

分析结束后，需要将以上三类信息都写在便利贴上，方便后续整理分组；把"行为"按照达成用户目标的逻辑顺序整理，并归类为几个阶段，例如上述淘票票 App 的例子中分成了 4 个阶段，如图 2.11 所示。

图 2.11　归类的 4 个阶段

③绘制用户体验地图：根据模板（见图 2.12），将上一步总结得到的便利贴贴在模板里。

图 2.12　用户体验地图模板

其中需要提醒的是，对于"情绪"部分，操作略有特殊：首先写出用户的重点操作步骤，然后将情感分为积极（笑脸）和消极（哭脸），将情绪的标签贴到相应部分。笔者之前用标签做过用户体验地图中的情绪部分，如图 2.13 所示。

图 2.13　使用标签制作情绪部分

将积极情绪和消极情绪的数量进行加减，在坐标上标记出来并连成曲线，就能做出类似图 2.14 所示的情绪曲线。

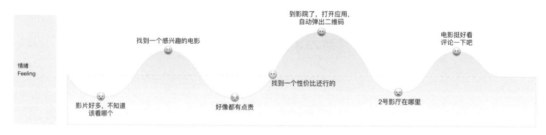

图 2.14　用户的情绪曲线

这样做的好处是对于用户情绪的高低起伏有一目了然的效果，方便设计师找到当前方案流程里的利弊。

④针对体验不佳之处探索解决方案：将现存问题进行提炼，与其他同事一起讨论办法。

2. 用户场景地图

用户场景地图是指设计师使用场景思维，将用户经历某个过程的场景用类似用户体验地图的思维进行排查，从中发掘设计机会点。

例如，某设计团队接到一项需求：希望能设计一款提升司机用车体验的系统，基础的功能包含播放音乐、导航、拨打电话等，并可适当增加其他有价值的功能。接到这个需求，该如何下手？

首先，研究用户从买车到使用过程的整个流程的节点。列出车辆体验的重要节点，如图 2.15 所示。

图 2.15　列出车辆体验的重要节点

　　然后，设计师需要针对其中的每一个节点进行客观场景的描述。下面以"车辆使用"为例，列出其中涉及的场景，如图 2.16 所示。

用户场景地图		
重要节点	用户行为	客观场景
车辆使用	进入车辆之前	目的地及行程规划
		远程控制（空调等）
	取车	停车场找车
		出发前的车况检测
		支付停车费离开停车场
	驾驶车辆	跟随导航行车
		车辆驾驶控制
		路况观察和线路调整
		轻微故障处理
	行车过程娱乐	收听音乐
		收听电台
	行车过程通信	处理来电
		处理信息
	停车	寻找停车场
		寻找停车位及停车
		停车后离开

图 2.16　"车辆使用"涉及的场景

　　之后，以其中"行车过程娱乐－收听音乐"为例，发掘目标场景。其中一个目标场景是"张先生在高速公路上行驶，他觉得有点无聊，想听约翰·丹佛的《乡村路带我回家》（*Country Road Take Me Home*），于是通过辅助系统打开音乐播放器，播放这首歌"。

　　现在有了目标场景，设计师就可以基于目标场景开始设计。由于司机开车的时候不能随便分心，更不能专注于选歌这样的复杂操作，所以语音成为最佳的输入方式。基于此，方案在屏幕左下角设计了一个语音助手的常驻图标（icon），如图 2.17 所示，点击该图标后开始播放语音指令。

图 2.17　行车辅助系统语音方案示意

更进一步，如果技术上可以实现，更好的方案是不需要用户点击语音助手的按钮，而是当系统监测到了用户说出语音关键词（类似小米的"小爱同学"）后，就立即激活语音功能。

最后，可以在实际场景中测试该方案，验证方案是否有效。

总结这个过程可以发现，过程是一个"先发散后收拢"的梭形：从产品的需求出发，列出用户和产品接触的所有重要节点；为重要节点的每一步找到尽可能多的场景；以场景为基点，设计每个页面；最后将页面汇集成完整的设计方案。

思考题

1. 为什么苹果 iOS 系统中，接听来电的操作不同？如图 2.18 所示，这两种操作的场景分别是怎样的？

图 2.18　苹果手机接听电话界面

2. 请描述一个"用户购买电影票"的客观场景和目标场景。

3. 张先生想在淘宝 App 上买一套健身服，这个需求的主场景是什么？请列举一个次要场景。

03

第 3 章

渐入佳境
——心智模型和习惯

设计团队总是希望能够招到"有经验的设计师"，
这是为什么呢？

因为有经验的设计师能迅速地知道哪种方案更好。

这种经验，
主要源于对用户的心智模型和习惯的积累。

3.1 心智模型

不知道你有没有过这样的经历：当你等电梯时，电梯迟迟不来，你会多按几下电梯旁边的按钮。其实，不仅你会这样，很多人都会这样操作。为什么会这样呢？这就要用"心智模型"来解释。

3.1.1 什么是心智模型

心智模型（Mental Models，也译为心理模型）这个概念，首先由肯尼思·克雷克（Kenneth Craik）在其 1943 年所著的《解释的本质》（*The Nature of Explanation*）一书中提出。艾伦·库伯在《About Face 4：交互设计精髓》这本书里也提到过。在书里，库伯并没有给出心智模型的定义，而是通过一个例子来说明：

很多看电影的人，实际上并不太懂电影的放映机是如何工作的，或者电影放映机与电视的工作原理有何区别。他们想象电影放映机只是把会动的图片投射到了幕布上，如图 3.1 所示。这就是用户的"心智模型"，或称"概念模型"。

图 3.1　电影院放映电影

1986 年，苏珊·凯里（Susan Carey）的论文《认知科学与科学教育》（*Cognitive Science and Science Education*）对心智模型下过这样的定义：

心智模型指一个人对某事物运作方式的思维过程，即一个人对世界的理解。心智模型的基础是不完整的现实、过去的经验甚至直觉感知。它有助于形成人的动作和行为，影响人在复杂情况下的关注点，并确定人们如何着手解决问题。

换句话说，心智模型是人们脑海中对万物（即真实世界、设备、软件等）的解析。通常在使用软件或设备之前，人们就非常快速地在心中创建出了一个心智模型，来帮助他们使用。人们的心智模型来自过去对类似软件或设备的使用经验，也来自他们对该产品的猜测、间接听闻和直接使用经验。人们用心智模型来预知系统、软件或其他产品的用途或用法。

　　一方面心智模型帮助人们理解软件或设备如何运转，另一方面人们也通过这种理解来帮助他们学习如何使用。曾被评选为世界最有影响力的设计师之一的著名美国认知心理学家唐纳德·A.诺曼（Donald A. Norman）在《设计心理学》（*Design of Everyday Things*）一书中提出：

　　心智模型是存在于用户头脑中的关于一个产品应该具有的概念和行为的知识。这种知识可能来源于用户以前使用类似产品的经验，或者是用户根据使用该产品要达到的目标而对产品的概念和行为的一种期望。

　　唐纳德的概念将心智模型说得十分清楚：用户的心智模型是用户基于过去使用过的类似产品的经验产生的，也是对将要使用的产品的期望。从这个概念里，可以提取出心智模型的两个关键要素——经验和期望。在现实中，用户基于自己的经验去理解、使用一个产品，也会基于自己的目标对产品产生期望。这就是用户心智模型的核心要义。

　　心智模型的两个关键要素是经验和期望，这里举两个例子。

　　许多 App 中都有拍照功能，这些拍照功能的按钮都不约而同地被设计成相机的形状。由于用户在生活中使用过相机，在手机的自带 App 里也使用过相机 App，因此当用户再次看到相机样子的按钮，就可以容易地理解"使用这个按钮可以进行拍照"的含义，如图 3.2 所示。用户通过以前的经验来理解新的拍照按钮，就是靠用户的心智模型。

图 3.2　App 中普遍使用照相机的形象代表"拍照"

　　再举一个关于期望的例子。我们来到一个会议室，室内温度为 32℃。我们想通过空调把温度降到 24℃。在设定空调温度的时候，很多人会下意识地用遥控器把温度调到 22℃，甚至 20℃，因为用户此时的目标是"快速降温到 24℃"，由此产生"温度调得越低，空调就会越努力工作"的预期，这种预期也是心智模型。但实际上，即使用户把温度调得再低，空调也只会自顾自地工作，并不会为了这个"艰巨的任务"而加速制冷。这是因为空调的制冷功能有自己的一套运作模型，不论用户设置的是 24℃还是 20℃，空调把温度下降 8℃，达到用户需要的 24℃所花的时间都是一样的。类似地，用户在等电梯时喜欢多按几下，是因为用户认为多按几下按钮，电梯就会受到催促，从而加紧赶来。这也是用户的心智模型，是用户对于电梯的预期。

3.1.2 心智模型与表现模型

用户有自己的心智模型，而设备和机器有自己的运作模型。它是设备和机器能够实现某种功能的原理，是专业人士的发明。但这些深奥的原理，对于不懂技术的普通用户，门槛很高，比较难以理解。普通用户其实也根本用不着弄懂这些复杂的原理，只需要知道如何使用产品达到他们的目标就好了。

另外，还有一种由艾伦·库伯提出的与设计师关系更紧密的模型——表现模型（Represented Models）。唐纳德称这种模型为"设计师模型"（Designer's Model）。

所谓表现模型，库伯解释说，它是"设计师所选择的一种表现方式，用来向用户展现计算机程序有怎样的功能"。通俗点说，就是设计师提供一套设计方案，让用户可以容易地操作一个设备或 App，而根本不需要弄懂它的工作原理是什么。设计师方案里使用的表现模型，越接近用户的心智模型，则越容易被用户接受，也就是所谓的"设计得越好"，如图 3.3 所示。

图 3.3　表现模型与心智模型的关系

例如，微信红包的设计就是一个符合用户心智模型的例子。在现实生活中，大家都对红包的外形有认知。微信 App 中红包的设计，以用户对实体红包的认知为基础，将红包设计成"红色长方形、上面有黄色封口"的形象，让用户一看就知道"这是红包"，从而迫不及待地去点击，如图 3.4 所示。

图 3.4　微信红包

QQ 阅读 App 的白天 / 黑夜模式的切换"按钮"，被设计成拉绳的样子：向下拉动绳子，则页面从图 3.5（a）的白天模式，切换到图 3.5（b）的黑夜模式。这一设计颇为符合人们对"夜晚需要拉动绳子打开电灯"的认知，符合心智模型，如图 3.5 所示。

（a）　　　　　　　　　　（b）

图 3.5　QQ 阅读 App 的拉绳设计

腾讯的另一个阅读类产品——微信读书 App，也运用了心智模型的原理。在 iPad 版本中，如果横置使用，则有图 3.6（a）所示的翻页效果。横置使用的 iPad 大小与实体书十分接近，使用翻页效果更符合用户阅读实体书时候的经验，如图 3.6（b）所示。

（a）

图 3.6　微信读书 iPad 版 App 模拟真实的翻书效果

（b）

图 3.6　微信读书 iPad 版 App 模拟真实的翻书效果（续）

　　而 iPhone 版的微信读书 App 默认状态则不是翻页动效，只能通过点击屏幕的右侧来切换到下一页的内容。这是为什么呢？因为 iPhone 比 iPad 小很多，与实体书已经不再接近，用户没有类似的经验，就不必硬加上这样的动效，否则会影响翻页的效率，如图 3.7 所示。

图 3.7　微信读书 iPhone 版 App

　　其实，一个优秀的设计方案需要达到以下四项标准。

　　①恰当的吸引力：功能入口的吸引力程度与功能的重要性成正比。

　　②容易理解：用户一看便知按钮、元素等的状态和可能的操作方法。

　　③正确的表现模型：设计师需提供给用户一个正确的概念模型，使操作键钮的设计与操作结果保持一致。

④反馈：用户能够接收到有关操作结果的完整的、持续的反馈信息。

在本书第 6 章介绍流程的时候，还会更详细地解释这四个标准。其中，表现模型作为可以让用户顺利进行操作的重要保障，是设计师需要在实际项目中不断积累和理解的。

3.1.3　心智模型的概括方法

唐纳德·A. 诺曼的定义中，心智模型包含两个关键要素：经验和期望。要了解用户的经验和习惯，设计师需要不断认识用户、不断积累这方面的认知；而要了解用户期望，设计师可以通过第 2 章介绍的场景思维和用户体验地图来进行。

具体来说，首先，每一个用户的心智模型几乎都是不同的，但是有着相似行为的用户会拥有相似的心智模型。这就要求设计师在做设计之前确定好设计方案是为什么样的人群而设计，然后去理解他们的心智模型。

其次，用户的心智模型导致用户在使用的时候会有特定的需求或者预期。为了弄清楚用户在整个过程中对每个阶段的预期，可以使用用户体验地图将用户完成一个任务时的主要阶段和行为分析出来。图 3.8 所示为以滴滴打车 App 用户为例展示的"阶段"和"行为"部分。

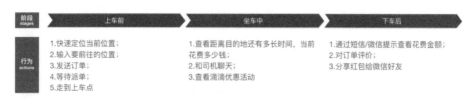

图 3.8　滴滴打车 App 用户体验地图中"阶段"和"行为"部分

最后，通过用户访谈，把用户的想法记录下来；通过可用性测试，把用户遇到的问题记录下来。之后对这些想法和行为进行分类，分别归置在用户完成任务的操作流中，并总结出机会点，如图 3.9 所示。

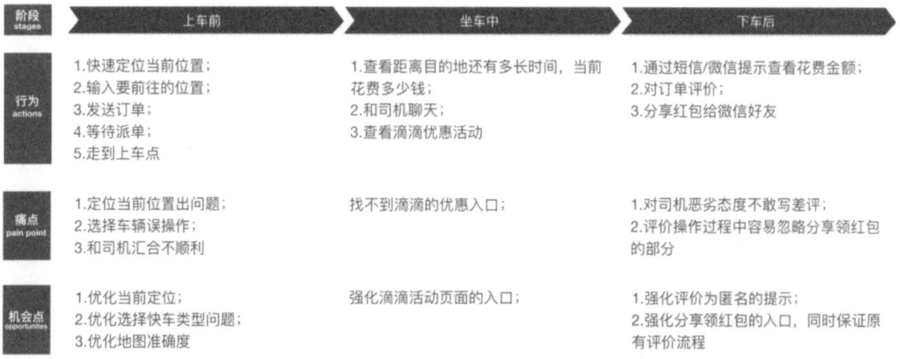

图 3.9　滴滴打车 App 用户体验地图增加了"痛点"和"机会点"

使用用户体验地图的意义，就是明确用户在不同阶段的预期，为设计出优秀的设计方案做铺垫。

很多设计师都希望做出"让用户惊喜"的设计，所谓"惊喜"的设计就是基于用户的心智模型，比用户提前一步预知用户接下来的行为，从而提供最合适的服务。举个例子，当用户使用手机进行截图之后，用户点击微信 App 聊天界面的"+"按钮，"惊喜"出现了：界面会出现一个刚刚截图的缩略图，此时用户点击缩略图，就能迅速将截图发送出去，如图 3.10 所示。

图 3.10　微信 App 在用户截图后给予提示

　　这就是典型的符合用户场景的设计，也是符合用户心智模型的设计。如何能做出这样的好设计？可通过第 2 章讲解的场景思维来进行。如果是单个功能，使用"条件需求公式"将这个功能的场景描述出来：

　　小美（用户）下班后（时间）在回家的地铁里（地点），看到一篇文章中的某一段文字，觉得很搞笑（出现某物），想截图分享给好友（需求），于是打开微信（手段）发送截图。

　　如果是流程复杂的功能，设计师需要将流程里的所有行为节点都列出来，画出用户体验地图，以明确用户在每个节点的需求。

　　通过场景描述可以发现用户的真实需求，设计师需要思考如何用方案满足用户的需求。

　　需要提醒的是，用户的心智模型并非一成不变的，而是会不断发展变化的。瑞士心理学家皮亚杰认为：人的认知结构的发展存在同化、顺应和平衡化三个过程。同化就是把环境因素纳入人们已有的认知当中，以加强和丰富原有认知的过程，简单来说就是老经验指导新情况；顺应是指认知结构因为受到外界刺激的影响而发生改变的情况，也就是新经验改变老经验；平衡化是指同化和顺应是一个动态平衡的过程。每当人们遇到一个新的事物，总是试图用原有的心智模型去解释，若获得成功，便得到暂时的平衡；如果用原有的心智模型无法同化新事物，人们便会顺应，即调节原有的心智模型或重建新的心智模型，直至达到认识上的新的平衡。因此，作为设计师，需要懂得高效利用用户原有的心智模型来设计方案，并对新的、用户原有心智模型之外的功能进行引导和说明，帮助用户顺利掌握产品的改变。

　　在互联网产品设计中有很多设计是现实中没有的形象，例如收藏、搜索，但是用户现在已经习惯看到这个图标就知道它的功能，因为用户已经被"教育"过了，如图 3.11 所示。

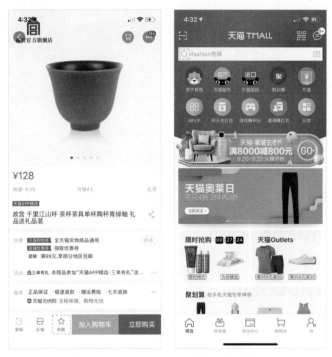

图 3.11　淘宝 App 中的收藏和搜索图标

　　当设计师设计出一个创新的方案，或者设计师不确定自己的方案是否符合用户的心智模型，是否能被用户接受时，可以使用可用性测试的方法，迅速验证自己的方案。本书第 10 章将详细介绍可用性测试。

3.2　用户习惯

　　前面已经提到过，用户的心智模型包含两个关键要素：经验和期望。设计师平时需要注意对用户经验、习惯的积累，使自己更懂用户。下面介绍几个笔者积累的对用户的观察。

　　（1）用户单手持手机操作时，底部区域更易操作，因此应该将重要的按钮放在页面底部。国外某设计师通过对 1300 多个用户进行持握和操作手机的调研，发现人们单手持握操作占 49%；一只手持握，另一只手操作占 36%，双手持握操作占 15%（多用于游戏）。因此，设计师在设计手机 App 的时候必须要考虑单手持握操作的情况。同时，他还使用屏幕温度表现了"拇指操作区域"，分别对比了 iPhone 4S、iPhone 5S、iPhone 6 和 iPhone 6 Plus 上使用右手操作的体验（见图

3.12）。

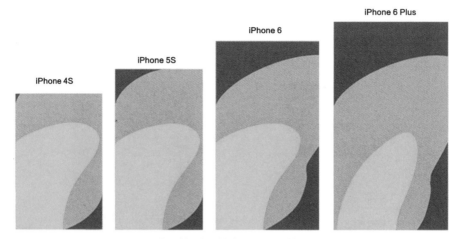

图 3.12　单手持手机时的拇指操作区域难易程度图

其中，绿色区域是用户单手最容易操作的区域，黄色区域较困难，红色区域很困难。由这个图可以总结出，把重要按钮放在屏幕的下半部分，是用户最容易点击的区域，因此点击率一定是相对较高的。

（2）扩大按钮操作区域。有时为了视觉的美观，页面中的按钮尺寸不能设计得太大。但按钮的可操作区域却是可以扩大的。这样可以大大方便用户的点击。举个例子，虽然 iPhone 4 导航栏上的操作按钮仅有 29px 高，但是它的实际点触区域比整个导航栏的高度（44px）还要高出 5px 左右，大概能达到 49px，这样用户就不用小心翼翼地点击返回按钮了。

iOS 官方的设计规范，最小的可触范围是 44pt（注意不是 px），而安卓的设计规范，最小可触范围是 48dp。设计的时候可以以此作为参考。注意，pt 和 dp 分别是 iOS 和安卓的布局尺寸单位，二者是不同的，读者若要了解它们的具体内容，可查阅相关资料。

（3）如果设计师需要设计一个 PC 端的网页，请注意图片永远比文字更能吸引用户的注意。

思考题

1. 你还能想到生活中哪些心智模型？这将有助于你更好地理解心智模型。

2. 回想一下，生活中你有哪些使用手机的习惯？列举两个你觉得大多数人都有的习惯。了解这些将帮助你设计出更好用的设计方案。

04

第 4 章

驾轻就熟
——设计目标面面观

设计的目的是满足需要。

一位优秀的交互设计师，
永远是产品利益和用户体验的平衡者。

本章将分别从公司和用户的角度，
挖掘出产品需求是为了满足哪些需要。

4.1 什么是设计目标

本书第 1 章介绍了设计的目的是满足需要。日本当代国际级平面设计大师、无印良品（MUJI）艺术总监原研哉在《设计中的设计》一书中介绍了一个案例，也传达出这种理念。

设计师坂茂对传统的圆纸卷卫生纸进行了再设计，希望用户在使用时可以降低资源消耗，传递出节省的信息。因此他将传统的圆纸卷改造成了方形，这样在用户拉取纸的时候，会费劲地发出"咔哒咔哒"声。取纸时的阻力起到了降低资源消耗的作用。而传统的圆纸卷转起来则轻松顺畅。所以，传统设计的圆纸卷被拉出来的纸比实际需要的多，如图 4.1 所示。此外，方纸卷可以紧靠在一起，节省了运输和储存空间，如图 4.2 所示。

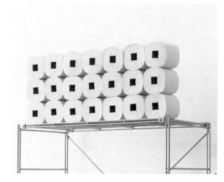

图 4.1　对圆纸卷卫生纸进行的再设计　　　　　　图 4.2　方纸卷节省空间

坂茂的这一设计基于"减少纸的浪费和提升存储效率"这一设计目标。如果将目标变成"提高用户在使用时的便捷度"，那么设计师恐怕就需要再设计另一种方案了。

设计的根本目的是满足需要。因此，交互设计作为设计领域的一个分支，判断交互方案好坏的核心标准，也是看方案是否解决了特定问题，满足了切实需要。艾伦·库伯在《About Face 4：交互设计精髓》一书中也有类似论述："任何设计成果的评判标准，都要看产品最终满足用户或委托开发组织需求的程度。"因此，满足用户或委托开发组织的需要就成为设计师的天职。作为设计师，想要解决问题、满足需要，首先需要明确问题是什么，而确立设计目标就是在设计之初，把要解决的问题用设计目标的形式确立下来。

设计目标是对设计方案要达到的期望效果的总结。在设计刚开始时，首先确立设计目标，可以让设计师在设计的时候更有针对性，做到有的放矢，事半功倍。具体到互联网产品的交互设计，设计目标是通过综合产品目标和用户目标得出的。下面依次介绍如何确立这两种目标。

4.1.1 产品目标

产品目标是从业务的角度出发，根据业务需求归纳得出的对需求的期望效果。公司作为一个以营利为目的的组织，所进行的所有业务的本质目的是吸引用户使用产品，并最终盈利。这一点也决定了设计师在思考产品目标时，需要从公司的角度出发，考虑功能可以为公司带来的价值。因此，产品目标通常表现为"某个功能可以为 App 的某个数据带来提升"这样的形式。常见的产品目标如"提升登录页面转化率""提升视频的人均分享量"等。

作为交互设计师，可能会觉得这些数据的提升应该是产品经理需要关心的，交互设计师不需要去理会。但这其实正是设计师体现自我价值的一个重要方面。互联网时代，竞争异常激烈，公司需要达成一个个产品目标，让自己的产品数据得以不断提升，以便在残酷的竞争中更好地生存。交互设计师作为离产品经理最近的一环，要对需求有深刻的理解，以便之后能够设计出帮助公司实现业务价值的方案。反之，如果设计师对需求的产品目标理解有偏差，很可能会设计出无法达到预期的方案，以致无法为公司创造价值。交互设计师的专业度和存在意义就会受到质疑。

可能有读者会疑惑：交互设计师的设计方案，真的能对产品目标有这么大的影响吗？答案是肯定的。同样一个需求，当产品目标不同的时候，交互方案可能完全不同。例如，对于"短视频 Feed 流新增播放页"这样一个需求，腾讯视频 App 和西瓜视频 App 有着不同的产品特性和产品目标，这导致二者播放页的设计截然不同。

在腾讯视频 App 的第二个底部标签"热点"中，用户点击某个视频卡片中封面图底部的空白处，会从右向左出现一个新页面，即播放页，如图 4.3 中绿色边框的图所示。在播放页中，点击标题下方的评论按钮，则会从下向上出现一个浮层，其中展示"全部热评"；浮层的顶部有评论的输入框，点击可以输入评论；播放页的"为你推荐"部分展示的是一张张与热点标签 Feed 流中完全一样的视频卡片。点击某个视频，则视频在当前位置直接播放。

图 4.3　腾讯视频 App 中短视频播放页示意

在西瓜视频 App 的"首页"标签中，同样点击某个视频卡片中封面图底部的空白处，则视频封面移动到页面顶部，同时从上向下展开播放页的其他内容，如图 4.4 中绿色边框的图片所示。在这个页面中，标题下方那些推荐的视频以列表的形式展现，点击某个视频，则顶部的播放器开始播放新视频的内容，同时页面其他信息也更新为新视频内容；而评论部分接在推荐的视频的下方，即用户不断向上滑动，就可以看到；在页面底部，有常驻的评论输入框，点击后即可输入评论，如图 4.4 所示。

图 4.4　西瓜视频 App 中短视频播放页示意

将这两个播放页抽象出来，得到图 4.5 所示的信息结构对比图。

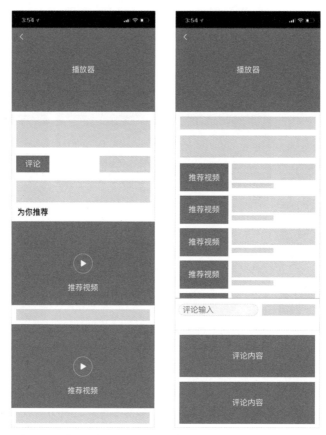

图 4.5　腾讯视频 App 和西瓜视频 App 播放页信息结构对比

从图 4.5 可以看出，腾讯视频 App 在播放页强调的是推荐的视频内容，推测其产品目标是提升视频播放量；西瓜视频 App 在播放页强调的是评论互动，推测其产品目标是提升播荐率、评论率等互动指标。

从上面的例子可以看到：同样是短视频播放页，两个产品的设计完全不同。这生动地说明了针对不同的产品目标，交互设计师可以给出完全不同的交互方案。因此作为交互设计师，在接到需求后，一定要分析透彻产品目标是什么。因为产品目标从一个方面决定了设计方案的方向。

在实际工作中，如何得出需求的产品目标？下面根据三种不同来源的产品需求依次介绍。

在互联网公司中，产品需求主要来源于三种团队：产品经理、设计师和用户研究员。三种团队分别运用各自的方法，对公司的产品提出需求，并通过需求达到产品目标，体现自己对公司的价值。下面分别介绍针对三种不同来源的产品需求，如何得出产品目标。

1. 由产品经理提出的需求

大多数情况下，产品目标由产品经理提出，一般会包含在需求文档里。例如这个需求：

数据显示，大量用户在登录页，未完成登录操作就离开了页面。该需求通过以下方式提升登录页的登录转化率……

显然，从上面的描述中可以看到，"提升登录页的登录转化率"就是该需求的产品目标。这是产品目标直接写在需求文档里的情况，设计师只要直接使用就好。但很多时候，产品文档里没有明确写出产品目标是什么，这时候设计师就一定要询问产品经理"通过这个需求要达到什么目标？"。这样做一方面有利于产品经理理清需求的本质，更好地向设计师描述需求；另一方面也有利于设计师更好地理解需求，为之后的方案设计做好铺垫。

有时候产品经理可能也没有完全想清楚某项需求要达到怎样的目标，这时候设计师可以借助阿里巴巴提出的"五导家设计法"中"挖掘业务本质需求"的方法，和产品经理一起探讨。该套方法提供了 4 个方向的基本问题，设计师可以通过这 4 个方向的问题，逐步了解需求的各个方面，并从中总结出需求的产品目标。这 4 个方向的问题是：

①为什么会产生这样的需求？需求是怎么发现的？要解决怎样的问题？目标是什么？

②业务方针对目标提出的（产品）解决方案是什么？具体是怎么想的？是否还有想要解决的问题没想好方案的？

③该业务经验性的特点有哪些？是否有数据或报告？产品 / 品类特色是什么？何种内容转化率高、点击率高？

④业务后续规划的蓝图是怎样的？

上面的 4 个方向的问题，可以总结为图 4.6 所示的 4 个关于产品需求的不同方面，设计师在与产品经理讨论需求时，只要牢记这 4 个方面就可以做到比较全面。

其中第 1、2 点都是关于产品目标的直接信息，第 3 点是帮助设计师积累解决问题的灵感，第 4 点是帮助设计师从宏观角度把握需求的目标。

以上 4 个方面的问题对于日常中的功能迭代，或是小型需求的分析，可以提供有力的帮助。对于大型需求，比如新增重要功能，或者新开发一个 App，设计师还可以从图 4.7 所示的 5 个方面继续深入思考，获得更深层的见解。

图 4.7 所示的 5 个问题更加宏观，为了更好地找到问题的答案，除了从产品经理处了解，设计师还可以从运营人员或领导那里了解更多信息。另外。可以参考一些行业报告和用户研究报告。艾瑞网、199IT、企鹅智库、中国互联网络信息中心等网站都提供各种报告，可供参考。

1 需求的来源和目标

2 需求方的解决方案；有没有待解决的问题还没有方案？

3 业务经验和数据

4 业务蓝图

1 定位的主要目标用户群体是谁？选取得是否合理？为他们带来的核心价值是什么？为公司带来的核心价值是什么？

2 整个业务流程是怎样的？盈利模式是什么？

3 市场/行业情况怎么样？未来的趋势呢？

4 竞争对手是谁？我们跟竞争对手相比核心竞争力在哪里？

5 核心策略方向是否真的有效？发力重点是否合理？

图 4.6　理清需求的 4 个方面　　　　　　　　　图 4.7　深挖需求的 5 个方面

2. 由设计师提出的需求

第二种产品需求的来源，在实际工作中应用较少，是由设计师通过分析数据、总结用户反馈等方式提出。设计师发现需要优化的功能，可以从以下三个方面着手：研究产品数据、进行用户调研 / 查看用户的反馈、进行可用性测试。

下面这个例子，是设计师通过研究产品数据得出的优化需求。

某 App 进行了改版：将原本的抽屉式导航，变成了底部导航栏式导航，如图 4.8 所示。

（a）抽屉式导航　　　　　　　　　　（b）底部导航栏式导航

图 4.8　改版前后示意

在改版之后，由于视听标签在首页的直接露出而获得了大量新增点击，如图 4.9（a）所示。

但如果结合图 4.9（b）（视听标签里视频的点击量），就会发现异常：虽然改版后视听标签点

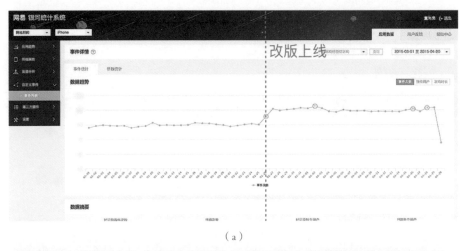

（a）

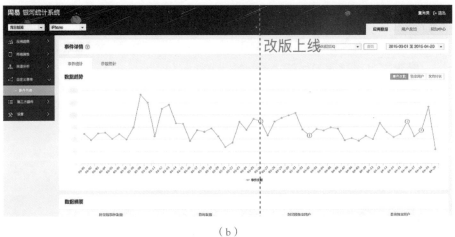

（b）

图 4.9　改版前后数据

击量陡升，但视频点击量整体上依然在原位摆动。这样的数据揭示出一个问题：更多的用户点击进入了视听标签，但他们没有看视频就离开了该标签，即用户平均看的视频数量减少了。设计师据此提出优化视听标签的设计需求，该需求的一个产品目标是提升视听标签的人均视频点击量，提升该标签的用户活跃度。

　　除了研究数据，设计师还可以通过统计用户反馈来提出需求。用户是功能的直接使用者，来自用户的反馈是了解功能是否好用的最宝贵信息。设计师可以通过统计后台中用户反馈比较多的问题，或者向负责用户反馈统计的同事索要统计信息，对多数用户关心的、有价值的问题进行改进。

　　用户反馈是经常容易被忽视的宝藏。小米公司的 MIUI 系统，正是因为重视用户反馈，将用户提出的有价值的建议及时运用到小米手机的 MIUI 系统中，因此积累了最早的一批忠实拥护者。MIUI 系统在小米公司和用户的共同完善下，也一步步将体验做到更好，获得了良好的口碑，如图 4.10 所示。

　　最后，设计师还可以通过可用性测试发现 App 中的问题，提出需求进行优化。笔者之前对一个理财 App 进行的可用性测试的问题总结如图 4.11（a）所示。通过测试发现了总计 34 处可用性问题，涉及操作方式、页面布局等 5 个方面。这些问题在流程中的不同操作步骤的分布情况如图 4.11（b）所示。

图 4.10　MIUI 论坛中用户可以对各种功能提出建议

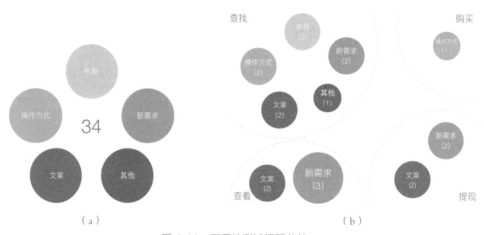

图 4.11　可用性测试问题总结

以"布局"部分中发现的一个问题为例，该部分的问题是收益规则隐藏过深。如图 4.12 所示。

设计师因此提出优化需求，优化页面的结构。此时的产品目标，就是优化收益规则的信息层级，减少用户疑惑。

关于如何进行可用性测试，在本书第 10 章中有详细介绍。

3. 由用户研究员提出的需求

用户研究员在了解用户需求方面有很多针对性的方法，专业的用户研究员会根据研究目标选

用户想找理财产品的具体收益规则，但很难找到 重要

- 用户对理财产品的收益感到疑惑，想了解具体收益规则，但是需要进行3步操作才能找到

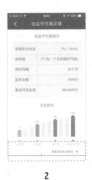

1　　　　　　2　　　　　　3

图 4.12　可用性测试中发现的问题

择相应的方法，以获得真实的用户想法。常用的用户研究方法有用户访谈、问卷调查等。用户研究员通过客观地询问用户问题或者发放问卷等方式，调查用户在使用某个 App 或者某个功能时遇到的问题。这些问题就成为提出优化需求的原材料。一般来说，用户研究员会对重大版本迭代进行监测，输出用户对版本迭代的效果反馈。设计师和产品经理，可以据此进行适当的优化。在日常工作中，产品经理或者设计师也可以就某个功能向用户研究员提出用户调研申请，获得用户对功能的反馈。

例如，图 4.13 所示是某 App 的用户研究员对金币商城进行用户调研后，发现大多数金币用户（82.8%）愿意尝试花钱进行购物，因此提出建议，可以将花钱购买和金币折扣结合，促进用户对金币商城的使用。

花钱购买，可尝试的方向

- 82.8%的金币用户有花钱购物的可能。
- 要么**精挑细选商品**；要么**金币抵扣大**（让用户真正觉得实惠）。
- ➤ 花钱购买+金币抵扣（电商化），可以解决兑换商品匮乏的问题。

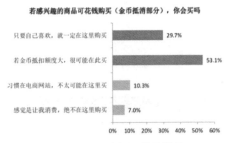

图 4.13　用户调研结果举例

在得出产品目标后，下一步需要找到用户使用产品时的目标。一个好的交互方案永远是设计师在平衡产品目标和用户目标之后得到的。

4.1.2 用户目标

用户目标是设计师对用户在使用某个功能时，其希望满足的需要的总结。用户目标是从用户的角度思考使用某个功能可以带来哪些收益。确定用户目标的方法是从功能的场景出发，明确用户有何种需要。关于用户需要，美国福特汽车公司的建立者、唯一进入"影响人类历史进程的 100 名人排行榜"的企业家亨利·福特（Henry Ford）曾说过："如果我最初问消费者他们想要什么，他们会告诉我'要一匹更快的马！'。"在汽车还不普及的年代，消费者不知道汽车的存在，只知道马。但"更快的马"这个需求，更深层的需求是更快的交通工具，再深层一点的需求是更快地到达目的地。深挖用户需求，才能更准确地确立用户目标。

用户真正的需要是比较隐蔽的，当设计师接到一个需求后，如何正确深入地理解用户在这个需求中的需要呢？这就要用到第 2 章里讲的场景公式，将需求的场景进行还原。例如下面的需求：

用户首次打开 App 时，在页面展现登录领优惠的卡片。

我们来分析用户目标。借助第 2 章的场景公式，该功能的主要目标场景可以描述为：

在用户首次打开 App（地点）的时候（时间），看到了"登录领取优惠"的卡片（出现某物），未登录的用户（特定类型用户）萌发了登录的欲望（需求），会点击卡片的登录按钮（手段）来登录。

从上面的场景描述，用户目标可以概括为"登录领优惠"，图 4.14 所示为淘宝页面中的登录卡片。

图 4.14　淘宝页面中的登录卡片示意

这个目标看起来很简单，但它可以给设计师以下 3 点启示：

①登录的卡片要凸显优惠内容，引起用户的兴趣；

②在设计时注意用户登录之后需要有明确的领取优惠的流程，以兑现"登录就能领优惠"的承诺；

③在用户领到优惠后，可以加入激励动效以增强正反馈，提升用户体验。

设计师通过沟通和分析得到了需求的产品目标和用户目标之后，只需要将这些目标合在一起，就可以得到需求的设计目标。在 4.3 节中会有一个案例，进行具体的展示。

4.2 为什么需要设计目标

确立设计目标是设计师开始进行设计时必备的准备步骤。设计目标一直指引整个设计过程，让设计师在设计方案时更有方向感。同时，在设计目标指引下得到的方案，有更大可能获得团队的认可。最后，方案的效果也更容易得到验证。

4.2.1 设计时有的放矢

设计目标让设计师在做方案时更有方向感。设计目标可以将你的思考向"达到目标"引导，从而使思考更有效率。设计师进行方案设计的过程，就是围绕目标，不断寻找更好的解决方案的过程。在设计的过程中，设计师经常需要从竞品中寻找灵感。设计目标可以帮设计师更有针对性地寻找竞品中能够促进达成设计目标的亮点，最终运用到方案里。

另外，不论是在设计功能的流程，还是在思考方案中具体的操作方式，"是否满足设计目标"都可以成为设计中的标尺。很多初级设计师经常会遇到这样的问题：遇到一个需求，不知道怎样的方案是最合适的，因此索性做出多个方案，让产品经理自己选择。这样的做法对于交互设计师自身的成长是不利的，因为设计师在这个过程中没有自己的思考。判断一个方案是否合适，本质上是看这个方案是否满足了需要，解决了问题。更具体地说，就是看方案是否满足了设计目标。同时，必须说明的是，这里的设计目标同时包含了企业想达到的目标（即产品目标），也包含了用户想达到的目标（即用户目标）。既能帮助企业提升各种运营数据，又可以帮助用户以他们接受的、恰当的方式达成他们想做的事情，这就是交互设计师的价值所在，也是乐趣所在。

4.2.2 更容易得到团队和用户的认可

设计师根据设计目标产出的方案，会更容易得到产品经理和用户的认可。在实际工作中，交互设计师主要对接的是产品经理。设计师们的主要任务是把产品经理的需求转化为可行的方案。确定好产品目标，并且在方案中体现，可以保障设计师和产品经理更好的配合，同时间接地保证了设计方案能够为公司创造价值。而用户目标的设定，让设计师能够从用户的角度出发考虑问题。一个好的交互方案，永远是产品目标和用户目标的平衡，使公司和用户都受益。

4.2.3 设计效果更容易验证

明确的设计目标可以帮助设计师在方案上线后，更方便地验证效果。通过实践中的反馈来验证方案是一个很重要的学习过程：通过观察数据以及收集用户反馈等手段，设计师能够得到关于设计方案最真实、最接地气的反馈，为之后的设计提供经验。因此交互设计师们在方案上线之后，一定要尽可能拿到方案的表现数据。这将为后续的设计提供最具说服力的证据和宝贵的经验。

例如，有一个需求的产品目标是"提高'我的'标签的点击量，提升用户登录率"。笔者在拿到这样的需求之后，又加入了用户目标"使用不被过度打扰"。因此这个需求的设计目标是：

①提高"我的"标签的点击量，提升用户登录率；

②用户使用过程中不被过度打扰。

由于在设计之初就确定了这个目标，因此笔者围绕这个目标，思考解决方案。想到的方案包括"在'我的'标签上方出现一个气泡，提示用户点击进行登录"，以及"为'我的'标签的图标设计一个动效，提醒用户点击"。这样的方案虽然能够吸引用户的注意力，但对用户也造成了比较大的打扰。用户使用 App，最主要的目标还是消费应用的内容。

在否定了前两个方案的基础上，笔者最终的设计方案将"我的"图标换成了表达"未登录"的图标，同时替换了文案，吸引用户的注意，如图 4.15 所示。由于设计目标明确，方案上线后，笔者重点关注如下数据：底部"我的"标签的点击量、点击率的变化，底部其余 3 个标签的点击量、点击率的变化，通过"我的"标签完成登录的用户占比、登录用户总占比。

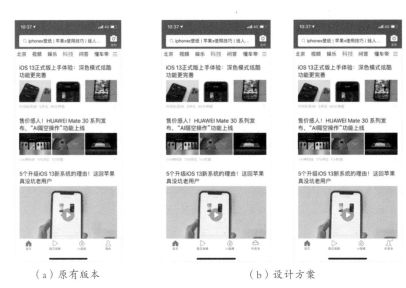

（a）原有版本　　　　　　　　　（b）设计方案

图 4.15　提升登录用户占比方案

4.3　案例分析——如何确定设计目标

下面分析一个需求的设计目标，以便更形象地说明如何确定设计目标。下面这段话描述了一个理财产品的续约需求：

某理财 App 要做一个续约的功能，主要针对购买的理财产品将要到期的用户，提醒他们可以续约。提供的续约信息包括用作续约的本金、续约方式（本息续约）、预期增加收益、续约期限、续约后的到期日、续约说明。续约操作后需要审核，审核一般需要 1~2 小时，通过后会有短信通知。由于续约能够给公司带来不少收益，因此希望用户在操作上比较流畅，保证不会因为操作而流失用户。

要得到需求的设计目标，就要分别分析需求的产品目标和用户目标，然后将它们综合。分析上面的需求描述，产品目标和用户目标分别是什么？

需求里提到"针对理财产品将要到期的用户，提醒他们可以续约"，所以提醒用户续约是一个目标。需求里还提到很多概念词，如"预期增加收益""续约期限"等，这些概念词会增加用户的理解成本，如果用户不能很好地理解，完成续约操作的概率就会降低；而像需求中"希望用户在操作上比较流畅"也是为保证用户不会半路流失。所以第二个产品目标是保证流程的转化率。

那么用户目标呢？套用第 2 章的场景模板，这里的场景是：

买过理财的张先生（特定类型的用户）在公司午休时（地点、时间）收到理财可续约的提示，由于提示中说可以得到很多收益（出现某物），于是张先生查看了续约的详情。在了解续约的详细信息之后，张先生决定将这笔理财进行续约需求。由于这是他第一次进行类似操作，他对每一个页面都很谨慎，确保自己搞明白了才进行操作（手段）。

分析一下这个场景：用户在收到续约的提醒后，产生了兴趣，之后就会去了解续约这件事，因此第一个用户目标是了解续约详情；如果用户决定购买，根据第 4 章介绍的心智模型，在购买的过程中，用户需要有掌控感，要知道自己为什么商品花钱、付款是否成功等信息，所以第二个用户目标是在掌控中完成续约操作，如图 4.16 所示。

图 4.16　续约的交互方案示意

将这些总结在一起，就得到这个需求的设计目标：提醒用户续约，充分挖掘续约用户；保证续约转化率；保证用户可以清楚地了解续约详情；保证用户在掌控中完成续约操作。

思考题

某新闻类 App 有如下需求，请分析需求的产品目标和用户目标。

现有的直播在开始之前和结束之后用户无法感知到，特别是在结束之后直播入口会在短时间之内撤掉，用户没办法回顾直播的事件。新增一个独立的直播栏目，有利于直播内容的积累，同时也可以对即将开始的直播起到预告的作用。

- 直播栏目包含即将开始的、进行中的和已结束的直播，也包含历史直播。
- 列表中直播状态优先级为：

直播中 > 即将开始 > 已结束

- 列表中时间优先级为：

今日直播节目 > 未来直播节目预告 > 历史直播节目回顾

- 栏目样式可以定制化，根据不同的直播类型（事件 / 赛事，普通图文 / 视频直播）展示不同的模块样式。

05

第 5 章

取长补短
——竞品分析有方法

当设计师接到一个产品需求，分析设计目标后，
下一步需要做的就是进行竞品分析。

竞品指的是同类竞争产品。
竞品分析的目的，不是盲目地照搬和模仿，
而是以设计目标为导向，
寻找已有案例中能够帮助我们实现目标的做法。

竞品分析是一个集思广益的过程，
是一个激发设计师灵感的过程。

本章主要介绍在具体项目中，
交互设计师应该如何进行竞品分析。

5.1 为什么要做竞品分析

在一个项目中，当设计师通过与产品经理沟通、分析用户场景之后，总结出该项目的设计目标，下一步就要开始进行竞品分析了。

为什么在开始设计方案之前，需要进行竞品分析？因为针对同一个设计目标，有很多种手段可以实现，但哪种最适合我们的产品，这需要先研究市场上已有的产品的设计方案，并分析各种方案的利弊，从中获得灵感，为设计师设计自己的方案打下基础。另外，设计方案从想法到落地，时常会面临"开发无法实现"的难题。如果设计师事先进行了竞品分析，则可以用实例来说明方案的可行性，有利于方案的落地和实施。

5.2 竞品分析的维度

确定维度是竞品分析成功的关键，决定了竞品分析内容的大方向。只有大方向正确了，之后的努力才能越来越接近成功；否则，很可能出现花了很多时间和精力，却没有产出有价值的结论的现象。

确定竞品分析的维度，是从设计目标出发，思考自己的产品希望通过怎样的方式去吸引用户，让用户更愿意使用你的产品，而不是竞品的。以网易新闻视听标签的改版为例，主要设计目标如下。

• 产品目标：提升视频的单日人均点击量；提升该标签的日活跃用户数；提升该标签的 7 日用户留存数。

• 用户目标：快速找到想看的视频；操作简便。

基于以上的设计目标，结合团队的优势，该竞品分析的主要维度有以下 3 个。

①更高的视频质量：竞品提供的视频有哪些类型？视频长度是多长？视频清晰度情况是怎样的？

②更轻松找到视频：竞品如何让用户发现喜欢的视频？每条视频的展现形式是怎样的？竞品提供了哪些信息来辅助用户决策观看某一条视频？

③更好的使用体验：竞品在观看视频的操作是如何设计的？在相关的其他操作上有何特色？

如果团队确定了可以从这几个方面把产品设计出优势，那么竞品分析的维度就按照这几个方面来进行。这样的竞品分析，能够最大化地发挥交互设计对产品的帮助，提升交互设计对团队的价值。

另外需要指出的是，产品的优势要突出，劣势也要避免，至少要保证产品的弱项不比竞争对手差。在这个用户体验越来越苛刻的时代，一个致命的缺陷完全可能会让用户产生离开的想法。因此，竞品分析中如果发现自己的产品存在着相比竞品差距较大的地方，一定要指出来，为优化做准备。

5.3 如何选择竞品

　　竞品的选择，最重要的一条原则是看竞品是否有设计师当前项目所涉及的功能。举例来说，如果设计师负责的项目是新闻的视听标签改版，这是一个视频 Feed 流类型的产品，所以视频 Feed 流类型的产品就是此次竞品分析的主要目标竞品。在寻找目标竞品时，可以根据应用商店的免费 / 付费 App 排行作为参考，在排行前 30 名甚至前 50 名的产品中筛选，如图 5.1 所示。

　　需要注意的是，设计师在选择竞品的时候，一定要以功能为基准，而不是单纯地以竞品是什么类型的 App 为基准。例如某产品是一款视频 App，但现在设计师需要为一个"边看边聊天"的功能设计交互方案，那么有复杂消息收发的聊天类 App 就要列入竞品范围；如果产品是一款电商 App，现在要增加"物流地图"的功能，那么有实时位置监控的外卖类、打车类 App 就要加入参考。

　　在找到功能类似的竞品之后，还需要寻找在前面介绍的"产品需要突出的维度"上设计出色的几款产品，以寻找将该维度做好的灵感。如网易视听标签的例子，"更高的视频质量"是一个维度。那么在这个维度上做得比较好的 App，如开眼、VUE 都可以作为竞品借鉴，如图 5.2 所示。

图 5.1　新闻类免费 App 排行榜

图 5.2　开眼 App 编辑精选页面

5.4 竞品分析的方法

　　在确定了竞品分析的维度和竞品选择之后，设计师需要运用不同的竞品分析方法，从不同维度对竞品进行分析 。最常用的竞品分析的方法有流程走查法、表格法和借鉴法 3 种。下面分别进行介绍。

5.4.1 流程走查法

研究一个竞品的时候，建议按照入口、主要页面、操作、反馈的顺序来进行，即设计师需要根据普通用户日常使用这款产品的路径，对竞品进行走查。一个功能完整的流程，包含了"发现→了解→操作→跟进"四个主要阶段。这个流程的万能公式，在第 6 章将会详细介绍。这里主要提醒各位设计师，在研究竞品功能时，不要落下功能的入口，即用户是如何发现这个功能的。这一点容易被设计师忽略。

在使用流程走查法的时候，建议设计师根据研究内容设置一个任务，然后用不同竞品去完成相同的任务，从而比较出竞品在设计上的不同。

例如，以"在网易严选和京东 App 的商品详情页下单"为任务，比较两个 App 的流程有何异同。在网易严选 App，下单的入口有"立即购买"和"加入购物车"。这两个入口都很容易理解。在强度上，"立即购买"背景是浅灰色的，而"加入购物车"是红色的，更加明显。显然网易严选 App 的设计者希望用户更多点击"加入购物车"。用户点击后，出现浮层，可选择商品的详细规格。选择完毕，如果用户点击"立即购买"，则进入"填写订单"页面，填好信息后就可以"去付款"；如果用户点击"加入购物车"，则浮层消失，页面中间弹出"加入购物车成功"提示框，如图 5.3 所示。

图 5.3　网易严选 App 商品详情页下单流程示意

在京东 App 上，下单的入口只有"加入购物车"，遇到运营活动时，文案还会发生改变。在京东 App 上，没有"立即购买"，只有"加入购物车"，体现了京东 App 对于购物车概念的重视——京东 App 的设计者希望用户都是去购物车结算，而不是在商品详情页就直接结算。用户点击"加入购物车"之后，同样会出现选择商品规格的浮层，点击"确定"，商品会变成一个圆形，以曲线运动的形式飞入底部的"购物车"图标里；若用户点击"轻松购"，相当于点击了网易严选的"立即购买"，会跳转到"填写订单"页面，如图 5.4 所示。

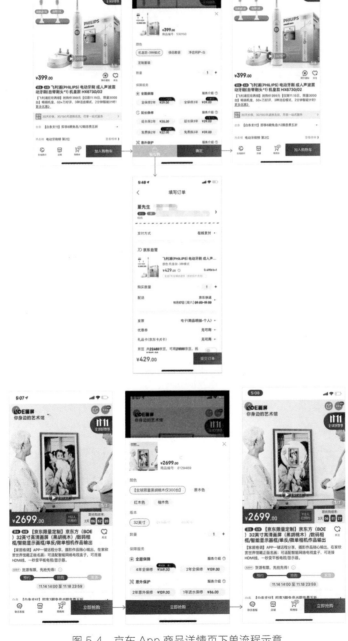

图 5.4 京东 App 商品详情页下单流程示意

5.4.2 表格法

表格法主要指用表格统计竞品中某个功能特性的有无，从而知晓某个功能的普遍程度，对市面上的产品有一个更整体的把握。

有两种表格可供使用：一种表格是对比不同竞品的相同页面中，各种元素的有无。例如，表 5.1 展示了不同视频 App 中，关注页面里是否包含相应元素的对比。通过这样的表格，便于设计师从更宏观的角度把握竞品的现状，从而为自己的产品中应该包含哪些元素提供线索。

表 5.1　各 App 中关注页面的元素对比

竞品	优酷	西瓜视频	哔哩哔哩	YouTube
我的关注展示	○	○		○
标题位于封面图上	○	○		
Feed 流播放	○（进入播放列表）	○		
作者认证		○	○	
分类标签	○		○	
评论按钮	○	○	○	
点赞按钮	○	○（更多）	○	
分享按钮	○（更多）	○（更多）	○	○（更多）
关注（作者）	○	○	○（更多）	○（更多）
推荐关注	○			
收藏（视频）		○（更多）	○（更多。稍后再看）	○（更多。稍后再看）
下载视频		○（更多）		
举报	○（更多）	○（更多）	○（更多）	
不喜欢		○（更多）		○（更多）
添加到播放列表				○（更多）

另一种表格是对页面中元素的状态、行为进行分析对比。例如，某 App 的设计师在设计"浏览历史页面增加我的点赞"这个功能时，为了研究顶部标签在编辑状态下切换时的交互逻辑，将竞品列在表格里进行对比分析。

设计师在设计这个方案时，面临一个疑惑：用户点击"编辑"按钮进入编辑状态之后，顶部的标签是继续保持 2 个？还是只保留当前选中的那个？如果保留 2 个，那么在切换顶部标签后，是否退出编辑状态？还是可以在 2 个顶部标签自由选择，然后统一进行删除？或者进入编辑状态，则另一个顶部标签置灰？如图 5.5 所示。

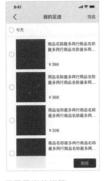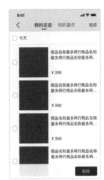

| 默认状态 | 只展示当前标签 | 当前标签正常，其余标签置灰 | 两个标签都正常展示，切换后退出编辑模式 | 两个标签都正常展示，切换后可跨标签选择条目 |

图 5.5　编辑状态下标签的交互逻辑探索

面对这个疑惑，设计师使用表格，将竞品的做法一一列出，如表 5.2 所示。

表 5.2　编辑态时顶部标签的交互逻辑竞品对比

竞品	我的关注展示	标题位于封面图上	Feed 流播放
电视果	显示、不置灰	取消编辑态	同类、有重叠
淘宝	显示、不置灰	取消编辑态	不同类、无重叠
腾讯视频	不显示	iOS：取消编辑态 安卓：另一个顶部标签置灰、不可切换	同类、无重叠
网易新闻 - 历史	显示、置灰	iOS：只保留当前顶部标签，另一个消失 安卓：非双顶部标签	同类、无重叠
网易新闻 - 收藏	iOS：不显示 安卓：显示、不置灰	iOS：只保留当前顶部标签，另一个消失 安卓：三个顶部标签打通	不同类、无重叠

在列出了有代表性的竞品的做法之后，设计师从这些竞品中整理出了可供备选的、所有可能的交互方案，共 4 种，如表 5.3 所示。

表 5.3　可供备选的所有可能的交互方案

页面状态	删除功能	交互方案	页面变化
两个顶部标签均无数据	不能触发	–	–
两个顶部标签，一个有数据，一个无数据	只针对一个顶部标签	方案 1. 只保留当前顶部标签，另一个消失	触发编辑状态后，不可进入其他顶部标签
		方案 2. 另一个顶部标签置灰	触发编辑状态后，不可进入其他顶部标签
		方案 3. 切换后取消编辑状态	触发编辑状态并切换顶部标签后，新页面显示默认态
	针对两个顶部标签	方案 4. 两个顶部标签打通	新页面显示底部删除组件

页面状态	删除功能	交互方案	页面变化
两个顶部标签均有数据	只针对一个顶部标签	方案1.只保留当前顶部标签，另一个消失	触发编辑状态后，不可进入其他顶部标签
		方案2.另一个顶部标签置灰	触发编辑状态后，不可进入其他顶部标签
		方案3.切换后取消编辑状态	触发编辑状态并切换顶部标签后，新页面显示默认态
	针对两个顶部标签	方案4.两个顶部标签打通	新页面显示底部删除组件

通过这样的分析，设计师最终确定使用逻辑简单、易懂，且符合线上已有逻辑的方案1。

5.4.3 借鉴法

借鉴法比较简单，就是找到竞品中值得借鉴的部分，分析原因，然后说明如何借鉴。例如，图5.6所示竞品在页面滚动时，采用了封面图渐现的动效，相比封面图忽然一下出现，增加了滚动时的流畅感，可以为自己的产品所借鉴。

图5.6　借鉴竞品的亮点

思考题

1. 作为一名交互设计师，如何确定竞品分析的维度？

2. 竞品分析有哪些方法？请使用其中一个方法对某个功能进行竞品分析。

第三篇 原型制作

06

第 6 章

略有小成

——设计流程有公式

"设计流程"是关于功能中先呈现什么、
后呈现什么的先后顺序的设计。

如何为一个功能设计一个好用的流程?
如何画出功能的流程图?

本章将为大家详细介绍。

6.1 如何画流程图

　　流程是一个功能的结构框架和逻辑体现。一个设计良好的流程，能够让用户用最合理的路径和步骤去完成想完成的操作。设计师设计一个流程，一般使用流程图来表达。流程图可以清晰地表现出用户完成一个任务所要经历的各种步骤和操作。它就像一张地图，表现出功能的前进路线。交互设计师画流程图有以下三个用途。

　　①流程图有利于保证用户所经历的流程是明确、清晰、简单的。设计师画出了流程图，就可以对功能的流程有更清晰的认识和把控，便于对流程进行分析，发现流程里的问题。

　　②流程图可以保障交互方案逻辑清晰，结构完整。流程图给出了功能的骨架。有了流程图，设计师将流程里的每一步用具体的页面表现出来，就可以得到一份质量较高的交互设计稿。所以，一个好的流程图是一个好的交互方案的前提。

　　③流程图对于从事开发和测试的同事也有很大的帮助：流程图可以清晰地表达出实现一个功能的逻辑顺序，方便开发的同事写代码时抓住脉络，也方便测试的同事在测试的时候有迹可循。

6.1.1 画流程图的原则

　　流程图主要由三种元素组成：页面、动作、条件。另外，每个流程图的开头，都会以起点作为开始。除了这四种元素，尽量不要增加别的元素。图 6.1 所示为登录流程。

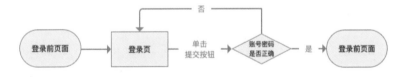

图 6.1　流程图示例 1

　　若一个页面中有多个入口，可以列出页面包含的所有操作入口，如图 6.2 所示。

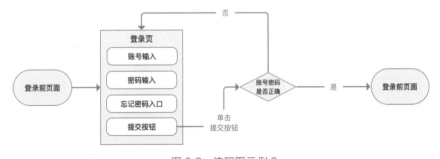

图 6.2　流程图示例 2

　　设计师在画流程图时，除非有特殊情况，否则除了以上四种元素，一般不添加别的元素。例如下面的几个反例。

①流程图不展示内部算法逻辑，只展示用户界面逻辑。因为交互设计师的流程图，旨在表现用户使用某个功能的过程，算法逻辑是用户不需要去理解的，流程图中加上它们只会影响设计师的设计思路。图 6.3 所示的红色部分是不必要的，需要删掉。

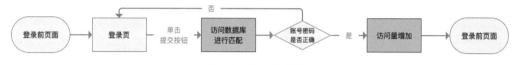

图 6.3　流程图反例 1

②不要把操作步骤和界面都表现出来，应该只表达界面。流程图中使用界面作为基本单位，可以保证通过流程图展现出该功能需要几个界面来实现。如果在展现界面的同时，将用户操作的步骤也作为流程图中的基本单位，则难以计算该功能包含的界面数量，也难以表现该功能的复杂程度。图 6.4 所示红框部分应该合并为"登录页"。

图 6.4　流程图反例 2

6.1.2　画流程图的工具

本节推荐一个画流程图的软件——Axure。笔者刚开始接触 Axure 时，只使用它画原型。后来发现它对于流程图支持得更好：Axure 里左侧素材栏，有专门一类"流程图工具（图中的 Flow 选项）"，如图 6.5 所示。

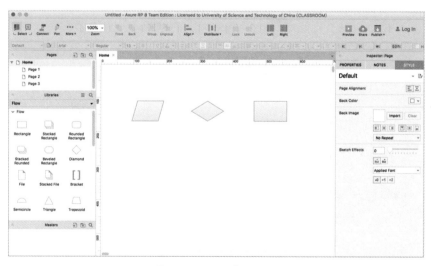

图 6.5　Axure 软件界面

设计师需要运用起点、动作、页面、条件这四种元素，表达页面之间的跳转关系，以此表现出 App 中功能的流程。下面介绍设计流程的"万能公式"，帮助读者对功能的流程进行设计。

6.2　设计流程的万能公式

设计流程是原型制作的第一步。笔者通过多年的工作经验，总结了一个在设计流程时的万能公式：

发现→了解→操作→跟进

几乎所有的流程，都可以使用上面的公式进行设计。下面通过用户在淘宝 App 首页"逛"的场景，运用场景思维，还原用户的使用流程，以帮助读者更好地理解流程公式。

首先分析淘宝 App 首页的目标场景中，主要场景和次要场景分别是什么。主要场景是那些发生的人数较多、频次较高的场景。按照第 2 章的介绍，设计师描述场景的顺序，是先确定客观场景，再确定目标场景，最后做出设计方案，在实际场景里进行测试。因此，要明确目标场景中的主要场景，设计师需要先确定客观场景中的主要场景。用户在淘宝买东西，有的用户目标明确，他们会使用搜索来寻找想买的东西；有的用户目标没有那么明确，只是想"逛一下"，看看有没有什么值得买的东西，因此搜索和闲逛占据了在首页中用户购买商品的主要场景。基于此，客观场景里的主要场景可以描述如下：

①最近刚开始健身的小明，在下班回家的车上，想起自己需要一件健身衣，他一直挺喜欢××品牌，想从网上挑一件价格 400 元以内、款式好看的健身衣。（目标明确）

②晚上睡觉前，大学毕业后刚开始工作的小美在家中觉得无事可做。她躺在家里的沙发上无聊地看着电视。最近她消费不多，想买些有趣又不贵的东西，但是时间已经晚了，只能作罢。她想："要是能把商场搬到我家来该多好啊！"。（无目标闲逛）

其中，笔者认为第 2 个场景是淘宝挖掘得尤其好的地方：淘宝发现了用户在网上"闲逛"的需要，于是通过一系列手段，养成了用户"逛淘宝"的认知。要培养用户的一个认知，绝不是易事。淘宝不断通过"万能的淘宝"这样的概念，以及准确的个性化推荐，让用户逐渐体验到"在淘宝啥都能买到"，而且还经常能遇到自己喜欢的东西：这不仅省时，而且省力、省钱。因此，用户逐渐养成了类似逛商场的习惯——逛淘宝。

有了客观场景，下面笔者以第 2 个客观场景为例来描述其目标场景：

晚上睡觉前，大学毕业后刚开始工作的小美在家中觉得无事可做。她躺在家里的沙发上无聊地看着电视。最近她消费不多，想买些有趣又不贵的东西，于是她拿出手机打开淘宝 App，开始浏览。

场景描述清楚了，下面来分析淘宝 App 的设计师是如何设计"逛淘宝"这个流程的。

淘宝 App 的首页大致分为 3 个模块：焦点图和入口、品类、感兴趣的商品。这 3 个模块都属于"发现"这一步，目的是希望用户能够看到引起他们兴趣的东西，如图 6.6 所示。

当用户打开淘宝 App，毫不费力地向下滑动时，一个个根据用户的购买历史分析出来的、用户可能会喜欢的品类就依次呈现在眼前。将推荐品类放在紧接着焦点图和入口的第二个模块，是很聪明的做法，原因有以下两点。

①品类比单品的命中率大很多：用户可以不喜欢某种款式的音响，但根据用户的浏览历史推荐的高品质商品，有更大机会命中用户的喜好。根据用户的心智模型，排在页面中上面的内容比排在下面的内容被点击的可能性更大。将用户感兴趣的品类放在上面，激起用户的兴趣，是很合理

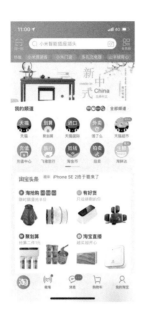

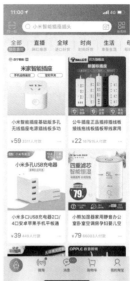

图 6.6　淘宝 App 首页

的设计。

　　②用户习惯向上滑动的操作。如果用户对推荐的品类都不感兴趣，他 / 她只要轻松地上滑，就能看到在接下来的部分出现了根据用户兴趣推荐的商品。

　　淘宝 App 用这样一个合理的布局，将"网逛"这个流程最大可能地扁平化了，用户"逛"起来轻松又能买到感兴趣的东西。淘宝 App 在"发现"这一步，的确是做足了文章。

　　用户发现了感兴趣的商品，之后就是在商品详情页了解商品的过程：商品各个角度的图片、评价，关于该商品的回答、详情介绍，这些都是用户想了解的信息，如图 6.7 所示。

图 6.7　淘宝 App 的商品详情页

　　当用户在商品详情页对商品进行充分了解后，此时如果用户对商品感到满意，就会进行"操作"，如购买、加购物车、收藏。如果用户决定购买该商品，那么"跟进"这一步，会是查看物流、评价等步骤；如果用户把商品加入购物车，那么"跟进"就是查看购物车；而如果用户收藏了商品，那么"跟进"就是查看收藏。

其实，在使用每一项功能了解商品详情的过程中，用户对于每一项小功能的流程，也是存在"发现→了解→操作→跟进"这个过程的，例如"评价"功能：用户先是发现评价入口（包含"宝贝评价"的标题、关于该宝贝的评价的标签集合及一条评价的具体内容）。如果用户看到这些信息产生了兴趣，或者用户本身就是对评价很关注的人群，那么用户点击"查看全部评价"按钮就可以了解所有的评价，如图 6.8 所示。

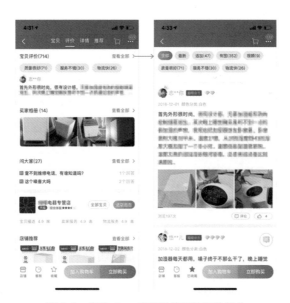

图 6.8　淘宝 App 商品详情页的评价部分

在全部评价页，用户可以进行联系客服、收藏、加入购物车、立即购买等操作。在"操作"这一步之后，"联系客服"没有跟进的步骤，而"收藏""加入购物车"和"立即购买"都有跟进的步骤。

所以，运用这个公式，设计师既可以设计大的流程，也可以针对某个功能进行流程的设计。它真的是设计流程的一个万能公式呢！

上面使用流程公式分析了使用淘宝 App 逛淘宝时的各个步骤。逛淘宝是一个重要功能，在设计流程的时候，还需要考虑次要场景。设计流程时，一个很重要的原则，就是要保证流程的完整性，也就是各种情况都需要考虑到。用淘宝 App 买东西，次要场景是什么呢？例如下面这个场景：

大学生小美下课后回到宿舍，看到同学新买的书架既实用又好看，于是询问哪里买的。同学在微信上把淘宝链接分享给了小美。小美使用分享链接，也买到了同样的书架。

在这个场景里，"发现"这一步很明确：小美的同学在微信里发给小美的商品链接，而"了解"这个步骤也会相对简短，因为小美已经看到同学买的实物，所以花在了解商品上的精力自然会小一些。之后的"操作"和"跟进"，与上面分析的步骤相同。

需要注意的是，主要场景和次要场景可能都不止一个，在做设计的时候可以使用穷举法，尝试列出所有的场景，因为流程的完整性很重要。关于流程完整性，这里有个窍门跟大家分享：流程中的"操作"这一步，需要设计师带着"如果……不……"的心态，就会发现很多可以做条件判断的地方。例如，如果支付不成功呢？如果厨房不接单呢？如果退款不成功呢？这样想下去，许多流程细节就会被逐渐发掘出来，流程图就会越来越完善。例如，图 6.9 所示是某理财 App 续约功能的流程图。

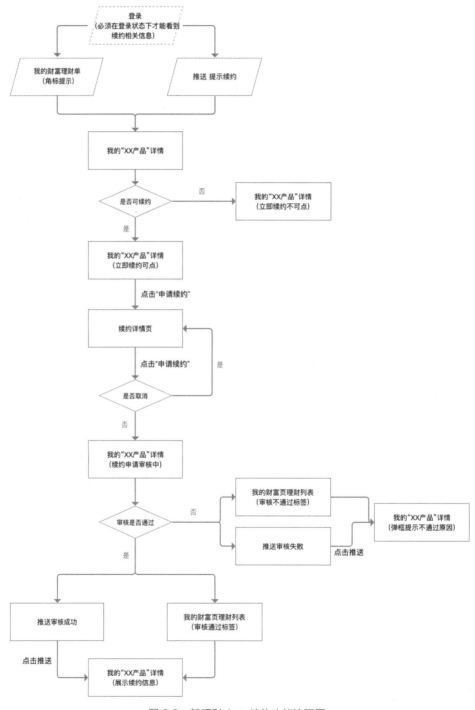

图 6.9　某理财 App 续约功能流程图

　　上面流程图中有两个条件判断（菱形图形），都是针对按钮的：一个是按钮是否可以点击，另一个是点击按钮后用户是否确认续约。另外，对于登录 / 非登录这样的状态，也需要特别注意，因为用户在登录和非登录时，页面的状态经常是不同的。

　　讲解了流程公式，下面依次介绍设计师针对流程中的每一步进行设计时，需要注意的问题。

6.2.1　发现

　　作为流程的开始，"发现"这一步一般是"入口"的职能。入口的设计有两点需要注意：恰当的吸引力，清楚的含义表达。

1. 恰当的吸引力

　　什么是"恰当的吸引力"呢？就是功能的入口要符合这个功能的重要性，不能比更重要的功能更显眼，也不能太低调，以至于没人会注意到。总结一下，就是入口的引人注意的程度，要与这个入口的重要性成正比。例如下面这个例子，当用户刚装好淘宝 App 首次打开时，页面中会有一个很醒目的登录卡片，其中展现了各种福利：现金红包、10 元超市券等，如图 6.10 所示。

图 6.10　淘宝 App 首次打开后的登录卡片

　　这个卡片的目的就是希望用户能迅速登录，因为对于淘宝 App 来说，"用户登录"这个操作的价值很大：登录后 App 就可以记录用户的购买行为、保存用户的浏览行为，更重要的是，提前登录的用户，在购买商品的时候，因为省去了登录的操作，流程会更短。如果用户终于决定下单，但最后卡在登录这一步，那真的太糟糕了！

相反，在很多 App 里，登出按钮就要隐晦得多了，这样做是为了防止用户轻易登出 App。例如，网易新闻的"登出"按钮，是隐藏在设置里的个人设置页里，这样防止了用户轻易登出，在一定程度上挽留了用户，如图 6.11 所示。

图 6.11　网易新闻 App 的"登出"按钮

2. 清楚的含义表达

一个优秀的入口的设计方案，能够做到让用户清楚地知晓，通过这个入口能给自己带来什么好处。图 6.12 所示的 Facebook App 的页面便是一个较好的入口设计方案。

图 6.12　Facebook App 的封面图设置提示

图中绿色虚线框里的提示文字为"与好友分享你感兴趣的内容",提示文字的下面有个"+ 封面照片"的按钮。这是一个非常好的关于"发现"的设计,因为它清楚地传达出了设置封面照片带来的好处——向朋友展示你自己。Facebook 是一个社交平台,大家都会很在意自己向朋友所展示的内容。

再举一个 Facebook App 的例子,用户进入 Facebook App 之后,会看到图 6.13 所示的浮层,提示"New photos in your Camera Roll appear here so you can easily get them(新拍摄的照片将显示在这里,你可以轻松地看到它们)"。

笔者用手机拍摄了一些照片,再次进入 App,拍摄的照片果然出现在相机图标的下面,如图6.14 所示。

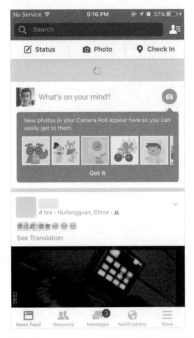

图 6.13　Facebook App 的照片提示

图 6.14　Facebook App 的新照片提示

由于发动态信息对于 Facebook 来说,是提高活跃度的非常有效的手段,而图 6.14 所示的这个提示,将用户最近拍的照片都展示出来,只要选择某张现成的照片,就可以发动态信息,因此促进了用户发动态信息的行为;而且由于 Facebook 在之前已有提示,此时再展示最近的照片,用户就可以更好地理解,所以这个提示也不构成打扰。这个设计可谓用聪明的办法达到了提升活跃度这样一个用户本身并不关心的目标,实在是很好的设计。

上面讲到的 Facebook App 提示新拍摄照片的做法,其实是新手引导的一种方法。新手引导是交互设计师经常会用到的一种方法,一般用来对新上线的功能进行强调,也用于告知用户如何使用一个功能。关于新手引导,以 Lofter App 和简书 App 为例,笔者列举出以下 4 种分类。

①新功能告知型。一般用于上线了以前没有的新功能,告知用户这个功能包含的内容,如图6.15 所示。

②功能用法告知型。如果某个功能的操作方法是用户不熟悉的,可以考虑该种引导,提示用户如何操作。如图 6.16 所示,"长按"操作不常用,因此需要提示用户。

图 6.15　Lofter App 对新功能的新手引导　　　　图 6.16　Lofter App 对某些操作的新手引导

　　③功能强调型。该类型引导强调某功能的价值，希望用户更多使用该功能。例如图 6.17 中，Lofter App 对标签功能的新手引导，说明标签的作用，引导用户使用。

　　④彩蛋型。这种引导是当用户触发了特定的操作，提示用户"以后也可以如此操作"，会给用户惊喜的感觉，如图 6.18 所示。

图 6.17　Lofter App 对标签功能的新手引导　　　　图 6.18　简书 App 对用户触发的操作的新手引导

　　新手引导对于流程中的"发现"这一步，可以起到提示入口的作用。但是也需要注意，由于新手引导对用户的操作会造成打断，因此不宜使用过多，否则引导本身会成为打扰，影响用户的使用体验，如图 6.19 所示。

图 6.19　过多的引导对用户体验造成打扰

另外，只有认真考虑了用户的使用场景，才能做出最恰当的新手引导。否则，只能是许多信息简单的堆砌，而用户也只是快速地滑过，没有任何收获，刚看过不久就忘记了内容。

6.2.2　了解

对于"了解"这一步，设计师重要的任务是使用户能迅速理解"界面的主要功能"以及"界面中的元素所传达的功能"。为了做到这一点，这里有 4 条笔者总结的经验与大家分享。

1. 运用接近性原则

接近性原则就是人们倾向于将彼此在位置上接近的物体归为一类。如图 6.20 所示，人们倾向于认为图中左图的图形排列成两列，左右各一组元素；而在右图中，接近性原则让人们将元素理解为两行。设计师可以在方案中利用留白加强分组的关联性，区分不同组的元素。

图 6.20　接近性原则

这个原则在类似手机设置页面时使用比较多，如图 6.21 所示。

另外，归类是使页面从杂乱变清晰的一大妙招。例如小米 MIUI 系统的短信 App：系统会自动识别短信内容，将骚扰短信自动收入"拦截短信"组，将银行等通知信息收入"通知类消息"分组，极大地方便了用户管理短信，如图 6.22 所示。

图 6.21　小米手机系统的设置页面

图 6.22　小米手机 MIUI 系统的短信页面

2. 保证文案表意准确、清晰

文案是 App 与用户沟通的一项非常重要的内容。这一点很多设计师会忽略。殊不知，在一个界面中，除了图形元素，文字也是重要的"视觉元素"，因为用户会通过识别图形元素和阅读文字来理解界面传达出的信息。一个表意不清的界面很容易会使用户陷入困惑。

例如，图 6.23 所示的页面，是滴滴 App 购买红包的页面，该页面的文案较为随意，容易使用户摸不着头脑：文案"请输入用户昵称"，没有写明是送红包的人的昵称，还是收红包的人的昵称；"添加更多信息"的备注文案，写的是"如地址，30 字，可选"，会让用户误以为这个红包是实体的红包，会真的邮寄到这个地址。

这两项关键信息的表意不明，就让整个页面陷入了尴尬。笔者对图中文案困惑不已，因为看到页面里有"送祝福给好友"这一项，所以以为这个红包肯定是送给好友的了，因此在昵称一栏中填写了收红包人的昵称，还填写了好友的地址。但实际上，在填写完页面中的信息并完成付款后，之后的流程是笔者购买了红包，然后需要发链接给笔者的朋友们。朋友打开红包链接后，页面里写着"笔者朋友的昵称（实际上正是接收红包的人）送你 ×× 元红包"，然后还附带有朋友地址，这就真的很尴尬了。

3. 主次分明

这一条比较简单，就是保证重要的信息在视觉上更明显，一般通过加大尺寸、加粗、使用更显眼的颜色等方法就可以做到。

图 6.23　滴滴 App 的红包购买页面

4. 保证元素的可预见性

可预见性（Affordance）是唐纳德 · A. 诺曼在《设计心理学》一书中提出的。随着这本书的流行，这个概念也被更多人所了解。它的意思就是用户看到一件物品，或者一个界面，不用学习就知道如何使用，例如深泽直人的代表作——壁挂式 CD 机（见图 6.24）。他是著名日本设计师，也是无印良品的设计师，他的设计作品被认为是朴素、不需思考就能使用的，他本人称之为"不用思考（without thought）"。

图 6.24　壁挂式 CD 机

6.2.3 操作

关于"操作"这个步骤，笔者总结了 4 项要点：注意用户习惯、尽量缩短操作路径、注意遵循一致性、合理使用设计规范控件。

1. 注意用户习惯

这一点在第 3 章中也提过。这里跟大家再分享一条笔者在工作中总结的经验：用户更习惯上下滑动页面，而不是左右滑动页面。数据显示，用户停留在首个顶部标签中的比例，远远大于第二个顶部标签，且越往后的标签停留的用户比例越小（见图 6.25）。

图 6.25 用户更习惯上下滑动

因此，设计师在设计页面结构的时候，尽量选用可以上下滑动的结构，而不是左右滑动的结构。日常中注意积累用户习惯，可以帮设计师设计出交互操作更顺畅的方案。

2. 尽量缩短操作路径

这一点容易被很多设计师忽略。操作路径是指用户在进行多项操作的时候，手指在前后操作点之间的移动路径。这条路径越短，用户操作的效率就越高，操作起来也越方便。举个例子，当用户在手机淘宝 App 买东西时，在商品详情页决定购买，那么用户需要先点击"立即购买"按钮，之后会弹出选择颜色、尺寸等的浮层，点击"确定"按钮，进入确认订单页。如果所有信息都没问题，那么用户点击"提交订单"按钮，会弹出支付宝付款的浮层，如图 6.26 所示。

分析用户在这个过程中的关键操作，"确定"→"提交订单"→"立即付款"，这些按钮都位于屏幕的底部。用户点击这些按钮，几乎不需要移动位置，只需要连续点击即可进行操作。所以，这是一个操作路径短的好设计。这样的设计，对于提升订单的转化率，一定是有促进作用的。

3. 注意遵循一致性

一致性主要是指在一个 App 里，相同的按钮需要有相同的行为。一般记住这一条原则就可以

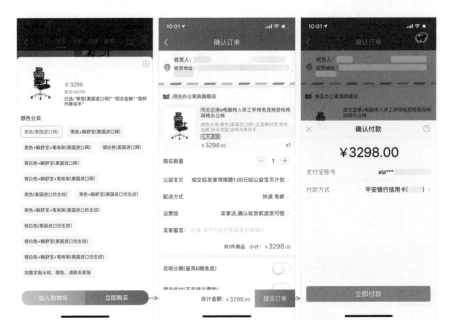

图 6.26　淘宝 App 中购买商品操作示意

了：外观相同的元素，其交互行为也应该是相同的。保持一致性，可以使 App 里的元素变得更加容易学习，因为用户只要学会一个元素，相同的元素也就学会了，不必再进行额外的学习。

4. 合理使用设计规范控件

苹果公司和谷歌（Google）公司都为它们的手机操作系统制定了一套规范，苹果公司的是 iOS 设计规范，谷歌公司的是 Material Design 设计规范。掌握这 2 个规范，尤其是控件，有助于设计师做出更加规范、通用的设计。同时，了解规范也是进行创新的基石。笔者很喜欢当年初中数学老师的一句话："学数学要'死去活来。'"这句话的意思就是要死死地背下数学公式，然后在题目中灵活应用。笔者认为这很有道理。在做设计的时候也是这样，只有掌握了这两大规范的内容，才有可能灵活应用，甚至做出"好像不是那么符合规范，但很好用"的设计。关于相关规范的内容，在本书第 8 章将有详细的介绍。

6.2.4　跟进

最后来说说跟进。在"跟进"这一步，设计师主要的任务是让用户知道在进行了操作之后，如何查看到后续的结果。例如在淘宝买东西，用户付完款之后的页面，会出现"查看订单"按钮。

但是关于这一步需要注意，并不是所有的操作都需要"跟进"这个步骤。例如在朋友圈里给某条内容点赞，用户点击了点赞按钮之后，按钮本身就给出了反馈，这个流程到这里就已经很完整了，用户不需要查看自己对哪些内容点了赞。但对于稍微重要一些的操作（如收藏），就需要提供一个跟进的步骤，提示用户在哪里可以看到收藏的内容。例如，在下厨房 App 的菜单详情页，点击"收藏"按钮后，页面底部会出现提示栏，提示用户"已收藏到 我的收藏 中"，同时用户可以将该项内容添加到新的收藏列表，如图 6.27 所示。

图 6.27　下厨房 App 点击收藏后的提示

　　其实用户点击了收藏按钮，按钮本身通过颜色改变和文案改变，已经表达出"已收藏"的信息，此时的提示框属于"跟进"这一步，提示用户在哪里可以找到收藏。

　　一个优秀的设计方案需满足以下四个标准，这四个标准其实也对应"万能公式"里的每一步。

　　①恰当的吸引力：功能入口的吸引度与功能的重要性成正比。（发现）

　　②容易理解：用户一看便知按钮、元素等的状态和可能的操作方法。（了解）

　　③正确的表现模型：设计师需提供给用户一个正确的概念模型，使操作键钮的设计与操作结果保持一致。（操作）

　　④反馈：用户能够接收到有关操作结果的完整、持续的反馈信息。（跟进）

6.2.5　案例

　　下面通过某理财 App 的续约功能，来进一步说明如何设计一个流程，以及如何画流程图。该 App 的续约功能的需求描述如下：

　　某理财 App 要设置一个续约的功能，主要针对所购买理财产品将要到期的用户，提醒他们可以续约。提供的续约信息包括用作续约的本金、续约方式（本息续约）、预期增加收益、续约期限、续约后的到期日、续约说明。续约操作后需要审核，审核一般需要 1~2 小时，通过后会有短信通知。由于续约能给公司带来不少收益，因此希望用户在操作上比较流畅，保证不会因为操作不畅而流失用户。

　　根据第 4 章的结论，该需求的设计目标包含以下 4 点：

　　● 提醒用户续约，充分挖掘续约用户；

- 保证续约转化率；
- 保证用户可以清楚地了解续约详情；
- 保证用户在掌控中完成续约操作。

根据"发现→了解→操作→跟进 / 记忆"的公式，其中"发现"这一步主要是指用户收到提示，"了解"的过程需要一个展示续约详情信息的页面来承载，"操作"是决定续约后的动作，"跟进 / 记忆"是用户提交续约后 App 展示的状态跟进，这是大的框架。然后，根据该需求的设计目标，分析公式里的每一个步骤的设计重点，以保证最终方案可以实现目标。例如本例中，"发现"阶段，重点是"引起注意"；"了解"阶段的重点是"续约的规则和好处"；"操作"阶段需要注意符合用户的心智模型，不能让用户觉得不安全或者奇怪；而"跟进 / 记忆"阶段，主要是注意结果的反馈（见图 6.28）。

发现 —— 了解 —— 操作 —— 跟进/记忆

引起注意　　规则? 好处?　　心智模型　　操作结果 状态查看

图 6.28　流程中每个步骤的设计重点

接下来，设计师要考虑如何能够体现每一步的设计重点。

首先是"发现"，如何做才能引起用户的注意？在理财 App 里，有以下两个方法：

①使用推送消息（短信效果会更好，但是囿于技术原因，无法实现）；

②在已购买的理财单中增加角标提示（后台数据显示，已购买的理财单页面访问量很大，用户有查看已购买理财产品的习惯）。

而第二步"了解"的关键，是将续约给用户带来的好处和规则，用清晰的信息结构表达出来。

在"操作"部分，需要按照用户网购的一般流程让用户确认续约：点击"立即续约"（相当于在淘宝里点击某个商品的缩略图）→点击"申请续约"（相当于在淘宝 App 里点击"立即购买"）→用户不点击"取消续约"（相当于简化版的"立即付款"）。用以上的流程确保用户的操作是有掌控的。

而"跟进 / 记忆"部分，重点是提示用户申请续约的结果，可以使用推送和角标来提示。

经过以上的分析，可以得到续约功能的流程图，如图 6.29 所示。为了方便大家理解，笔者在流程图里标示了流程公式的 4 个阶段。在每个阶段旁边，笔者把涉及的重点页面也列在上面，这是为了解释该流程图，实际画流程图的时候不需要这样操作。

思考题

1. 有这样一个需求：某 App 要做一个红包活动，只要是最近 30 天内在该 App 内买过商品，就可以得到一个红包。把红包分享给 5 个好友，且好友都领取了红包，分享红包的人还可以再得到一张更大额度的代金券。红包的使用期限为 7 天。产品经理希望领红包的人数量越多越好，且领到红包的人中使用红包的比例越高越好。在这个需求中，产品目标和用户目标分别是什么？

2. 请画出上面这个需求的流程图，并标出每一步的设计重点。

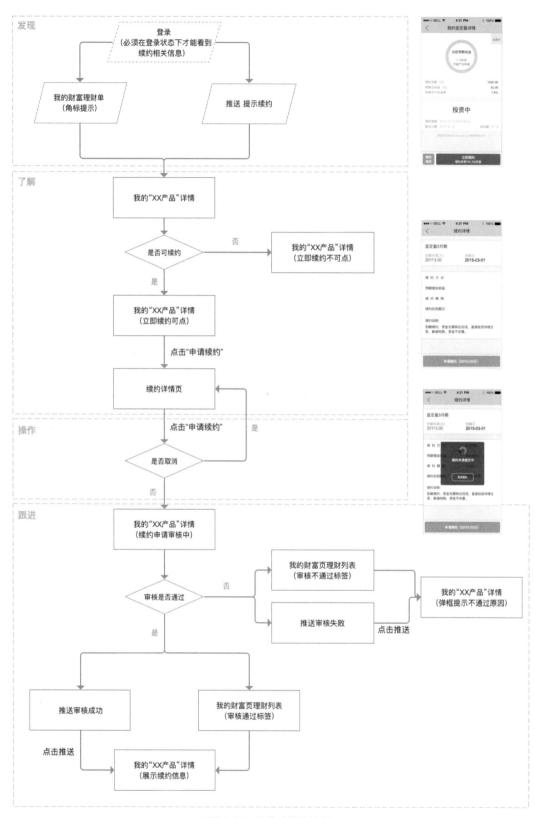

图 6.29　续约功能的流程

07

第 7 章

心领神会
—— 设计原则有遵循

什么是设计原则？
设计原则就是经过反复实践总结的一些规律。

这些规律经过了大量的验证，
遵守这些规律，能有效地保证设计方案的质量。

本章精选了交互设计师必须掌握的 5 个原则，
请大家一定要理解和牢记。

7.1 一致性

第 3 章介绍了心智模型的关键要素是经验和预期。一致性原则就是相同的功能在不同的页面，需要保证相同的或者类似的交互操作体验，从而保证体验符合用户预期。产品满足一致性，是为了保障让设计方案符合用户的预期，降低学习成本。下面从用户和产品的角度分别介绍。

7.1.1 一致性原则对于用户的作用

（1）在设计方案中，应用一致性原则有利于用户对界面和功能操作的认知统一，学习成本低。当用户熟悉了 App 的主要界面和功能后，一致性的设计使用户遇到类似的界面仍能顺利操作。例如，用户在主要的信息流页面点击"…"按钮，页面会出现可以进行分享操作的活动视图。当用户来到详情页，点击"…"按钮之前，就有了"出现可以进行分享操作的活动视图"的预期，如图 7.1 所示。

图 7.1　知乎 App 中点击"…"弹出可进行分享操作的活动视图

这些设计一致的活动视图浮层，让用户有了稳定的预期，降低了学习成本。

再如司机在北京驾驶汽车是靠右行驶，即使到了上海，司机们不用重新学习就知道也是这样，因为我国道路交通相关法律对此有一致的规定。设想如果没有这样的规定，司机从北京到上海，突然需要靠左行驶，那么司机们肯定需要花很多精力去适应新的规则。

（2）加强对产品品牌的辨识度。在设计中不断使用与公司品牌相一致的设计，能够不断加深产品品牌对用户的印象。例如，谷歌 App 中，通过对大屏操作十分友好的底部操作栏的持续使用，营造出迅速、轻快的形象（见图 7.2）。

图 7.2　谷歌 App 中的底部操作栏

7.1.2　一致性原则对于产品的作用

（1）复用资源，降低设计成本。设计师在设计相似的页面或者功能的时候，可以快速复用已有的页面排版、交互控件等，提高效率。

（2）保证不同设计师方案的一致。在规模较大的项目中，往往是一个设计师负责一个 App 的一两个模块。设计师们共同遵守一些基本的一致性规范，可以保证产品的不同模块方案一致。对于用户来说，体验相似，保证产品体验的完整性。

（3）新人可以快速上手。新的设计师可以通过对团队里关于设计规范的掌握，更快地做出符合团队产出质量的方案。

（4）提高开发速度。这一点主要也是因为方案里可以复用自用资源，对于有些界面和控件，开发同事甚至无须找设计同事出设计稿，便可以直接复用控件进行开发。

7.1.3　一致性原则的运用

在实际应用中，交互设计师可以从以下 4 个方面运用一致性原则。

1.界面排版

设计师在设计新界面时，如果新界面与线上已有界面功能相似，需要考虑使用相同的页面排版，并在此基础上进行调整和创新，满足新界面的独特需求。例如，淘宝 App 的"猜你喜欢"和"搜索结果"页面高度相似，如图 7.3 所示。

图 7.3　淘宝 App 中"猜你喜欢"和"搜索结果"页

2. 交互控件

在不同页面使用相同的交互控件，有利于体验的统一，还可以减少开发成本，如图 7.4 所示。

图 7.4　大众点评 App 中不同页面使用相同的分享控件

3. 多终端的体验

对于不同的设备终端，如手机、台式计算机、平板电脑、电视等，App 设计需要考虑产品特性，创造统一的交互体验。例如工具型产品更偏向高效、便利的体验，社交型产品更偏向有趣的体验。

4. 文案

文案是比较容易被设计师忽略的一部分。在帮助用户理解界面里各种功能和信息的内容中，文案是重要的传达方式之一。文案的风格和表意在各个终端、界面需要保持统一。避免出现在 A 界面文案俏皮，在 B 界面文案严肃的情况，如图 7.5 所示。

图 7.5　某 App 中不同页面的文案风格不同

　　另外，一致性是一个非常重要的原则，但也不是铁律。在设计交互方案的时候，个别页面可以有不一致的设计，但必须有充分的理由。例如，网易云音乐 App 中的"关注"按钮，在 App 里的行为，都是按钮被点击后，变成"已关注"状态，如图 7.6（a）所示；而用户在视频详情页面点击"关注"按钮后，该按钮消失，如图 7.6（b）所示。这样设计的目的应该是为了吸引用户进入账号的详情页面。

（a）

图 7.6　网易云音乐 App 的"关注"按钮

（b）

图 7.6　网易云音乐 App 的"关注"按钮（续）

7.2 容错性

容错性是产品对用户错误操作的承载性能，即用户对产品操作时出现错误的概率和错误出现后得到解决的概率和效率。要设计一个容错性好的方案，设计师可以从以下三个方面进行尝试。

7.2.1 操作前的预防

在用户进行操作之前，告诉用户一些有价值的提示，可以有效避免用户犯错，提高用户的操作效率。例如微信 App 的登录页面，在输入账号和密码之前，"登录"按钮是不可点击的，如图 7.7 所示。

高铁管家 App 在用户买火车票选择日期时，不能选择当日日期之前的日期。这样的设计避免了用户选完日期才发现不能买票的尴尬，如图 7.8 所示。

另外，一些会对用户造成较大影响的操作需设置得复杂一些，避免用户误操作引起损失。例如，iOS 系统设置中，如果要还原系统中的"位置与隐私"记录，首先需要"输入密码"；当密码输入正确后，页面中会弹出上拉弹框，进行进一步确认，如图 7.9 所示。

图 7.7 微信 App 登录界面

图 7.8 高铁管家 App 日期选择界面

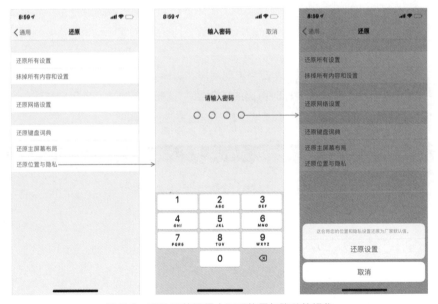

图 7.9 iOS 系统设置中还原位置与隐私的操作

7.2.2 操作中的提醒

当用户正在进行操作，在还没有完成操作、造成结果的时候，软件可以对用户进行预提醒。以支付宝 App 为例：用户在支付宝 App 的聊天界面输入数字 244，界面中会自动出现"给对方转账 244 元"的提醒，如图 7.10 所示。

图 7.10 支付宝 App 聊天界面的转账提示

设计师要做出这样的智能设计，首先需要列出用户所有可能的错误操作类型，然后分析这些操作：用户进行了这些操作，心里其实是想做什么呢？分析用户的实际动机，需要根据第 2 章讲解的用户场景来进行。

另外，在用户进行操作的过程中，如果发现用户"走错了一小步"，则应立即提醒，防止最后操作完成、进行提交时操作失败，导致更大的挫败感。下面这个例子，是用户在注册新浪微博时昵称被占用，页面中立即显示"此昵称已被注册"的提醒信息，如图 7.11 所示。

图 7.11 新浪微博注册页面中提醒用户昵称被占用

7.2.3 操作后的解决办法

当用户已经完成了操作，但是操作之后出现了错误，这时软件需要提供给用户弥补的方法。比如计算机上经典的"Ctrl+Z"组合键操作，允许用户退回到上一步。在网页版 Gmail 里，当用户删除了邮件，会出现图 7.12 所示的提示栏，提示用户已经完成删除，同时提供了"撤销"按钮，允许用户反悔。

图 7.12　Gmail 邮箱删除邮件后的撤销提示

另一种弥补的办法，是为出现的问题提供解决方案。例如淘宝 App，当网络不好或无网络的时候，页面无法展现内容，此时页面提示用户"别紧张，试试看刷新页面 ~"，这样温柔的提示让用户感受到温暖。同时，页面中还提供了"刷新"按钮，用户点击即可进行刷新，重新加载页面（见图 7.13 ）。

图 7.13　淘宝 App 中的页面无法打开的提示

7.3 使用正确的意符

7.3.1 意符的概念

意符是唐纳德·A.诺曼在《设计心理学》中提出的概念，他指出："'意符'这个词指的是能告诉人们正确操作方式的任何可感知的标记或声音。"优良的设计会通过易理解、表意准确的意符，将产品的目的、结构和操作方法清晰地表达出来，这就是意符的作用。例如，图7.14（a）所示的逃生门，常用于人员数量较多的地方，如学校、商场、写字楼等。门上的消防杠是很好的意符，告诉人们推动消防杠，门就会开。而且，由于上述场所人流较大，使用了推而不是图7.14（b）所示的普通门经常使用的向下扳动，更适合火灾发生时混乱拥挤的场景。

（a）逃生门

（b）普通门

图7.14　逃生门和普通门示例

一个优良的设计方案中使用的意符，一定是让用户看到就知道，点击了这里能做什么；反过来，如果用户看到了却不会使用或者使用后经常发生错误，就不是好设计。比如下面这个例子：图7.15是iPhone应用商店的登录页面，图中的设计将登录按钮放在Apple ID和密码输入框的下方，将完成按钮放在右上角。笔者进行登录操作时，输入完密码经常会点击"完成"按钮，而这里的完成，其实只相当于"关闭"页面的意思，不得已又得重新输入一遍信息进行登录。这里使用的意符有两个问题：

①完成按钮表意不明，"完成"也可以是"填写完毕进行登录"的意思；

②"登录"按钮不明显，比"完成"按钮要弱很多。

因此，设计师在进行方案设计时，一定要注意页面上的元素是否能表达出它本来该有的意思。只有这样，用户才能在第一时间找到自己最需要的那个元素，通过操作完成自己的需求。

图 7.15　iPhone 应用商店登录页面

7.3.2　注意文案的运用

在 6.2.2 节及 7.1 节中，笔者都介绍了文案的重要性，这是因为文案经常被设计师忽略。设计师平时比较注意图标、色彩、排版等意符，其实文案也是一种重要的意符。本节中，笔者将通过下面两个案例，进一步说明文案的作用。

1. 清晰表达信息

首先分享一个来自 Airbnb 网站的案例。当用户首次登录后，会展现提醒用户打开通知的页面，如图 7.16 所示。这个页面的文案十分用心：标题"打开通知？"介绍了这个页面的主要意图；下面的说明文字解释了打开通知带来的好处；第一个按钮"好的，打开吧"，是模拟了用户答应请求后的语气；而"跳过"则表达了一种"我现在不想打开"的意思，为后续再次提醒用户打开通知做了铺垫。使用"跳过"这样的文案，比使用"拒绝"或"不用了"之类含有否定意思的文案要好得多。不得不说，这里的细节设计师还是很用心的。

2. 展现产品个性

要展现一个产品的个性，不仅仅可以通过界面中的视觉元素展现，例如颜色、图标、排版风格等，而且通过文案也可以很好地展现。尤其是现在越来越流行的语音交互设计，文案的风格更是展现产品个性的最重要的一方面。

下面跟大家分享一个文案风格活泼可爱的 App——Forest。它是一款使用户保持注意力的 App，用法是用户首先设定一个时间段，如果用户在这个时间段内保持不使用手机，就可以成功种下一棵植株。用户可以选择不同类型的树的介绍，如图 7.17 所示。

图 7.16　Airbnb App 的通知请求页面

图 7.17 中的这些文案，既有趣又有人情味。还有一款来自同一设计团队的 App，叫"记账城市"，设计的风格很可爱，文案也很有趣，感兴趣的朋友可以下载试一下。

图 7.17　Forest App 不同植株的介绍

图 7.17　Forest App 不同植株的介绍（续）

7.4 即时反馈

　　给予用户即时反馈，指的是系统在用户进行操作后应立即给予操作结果的展示。如果操作结果比较简单，则直接展示结果即可；如果操作结果较为复杂，系统不能立即进行展示，则可以先展示"正在载入"的提示，待系统返回了结果，再展示真正的操作结果，如图 7.18 所示。

　　这种"正在载入"的提示看起来稀松平常，但这种设计背后的理念却十分人性化：由于系统返回结果需要一些时间，所以先提示用户"我正在努力加载中，请稍等片刻"。设想如果没有这样的提示，用户在"进行了刷新操作"到"真的刷新出结果"之间的这段距离，很可能会疑惑刷新操作是否真的已经发生了。

　　在用户进行操作时，给予即时、恰当的反馈非常重要。一个简单的例子就可以说明这一点：当计算机死机的时候，不论如何操作，计算机都不会有任何反应。系统没有了反馈，用户的内心就会很崩溃。所以，设计师在设计完一个方案后，一定要检查一下方案里所有的操作是否

图 7.18　"正在载入"提示

都有反馈。

这里需要提醒一点：在检查是否缺少反馈的时候，不仅要检查操作正常的情况，还要注意检查操作失败的情况。导致操作失败的原因有很多，例如网络连接不畅、服务器无响应、用户账户余额不足等。

提供即时反馈是重要的交互原则，但反馈也不是越多越好。过多的反馈会打扰用户的使用。一个比较普遍的错误做法，就是提示框过多。例如，在图 7.19 所示的页面，当用户点击收藏按钮之后，收藏图标会从空心的星星变成实心，同时会弹出"收藏成功"的提示。其实，黄色星星的状态已经表达了"已收藏"含义，不需要再弹出提示。另外，如果能同时将按钮的文案从"收藏"变成"已收藏"，就更完美了。

还有一种比较特殊的情况，就是当按钮被设置为灰色，如果用户点击按钮，App 是否应该给出用户反馈？先来看一个案例：这是一个投票的浮层，每个选手的下方有个投票按钮，每个用户每天只能投给一个选手一票，如图 7.20 所示。

图 7.19　某 App 的提示框

乍看之下这个方案没什么问题。但当笔者审阅这个方案的时候，发现该方案的已投票状态存在问题。

图 7.21 所示的界面为了表达出"不能再投票了"的状态，将所有按钮置灰。虽然按钮已变成灰色，但按钮依然是按钮的形状，还是会让用户有忍不住想点一下的欲望。这时候问题就来了，用户在此时点击界面中的灰色按钮，应该弹出提示框（"每天只能投一票"）进行提示吗？带着这个疑问，我们来研究一下置灰按钮。

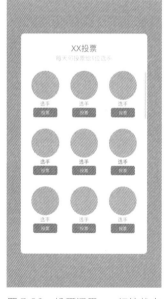

图 7.20　投票浮层——初始状态

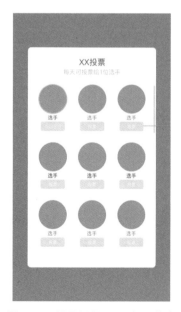

图 7.21　投票浮层——已投票状态

置灰按钮在登录注册中被广泛应用，比如微信的登录页面，如图 7.22 所示。

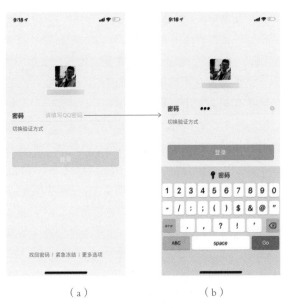

（a）　　　　　　　　　（b）

图 7.22　微信 App 的登录页面

图 7.22（a）是默认的登录页面，登录按钮置灰；当用户输入了密码（即使只有一位），则登录按钮亮起。粗看一下只输入了一位密码就亮起，有些不合理，毕竟用户的密码位数几乎不可能是一位数，此时虽然按钮亮起，用户也不太可能进行登录，反而有干扰之嫌。但如果再细想一下，假设用户的密码是 6 位，而微信正好在 6 位的时候亮起了按钮，其实也是变相透露了用户密码的位数。如果设定一个最小的按钮亮起的位数呢？比如从用户输入了 6 位后开始亮起。但如果是输入了 6 位后亮起，则更容易让用户感受到"密码已经填好了，应该可以登录了"，也是一种误导。所以，只输入一位密码就亮起，是比较好的选择。

再来看一个登录注册页面的例子，如图 7.23 所示。

图 7.23　手机号注册页面

在这个例子中，只有当用户输入了 11 位数字（手机号码都是 11 位）后，"获取验证码"的按钮才会亮起。这个方案中按钮的逻辑就显得更完善了一些。

分析一下，上面的两个例子，将界面中的按钮置灰，主要是提示用户现在按钮还不可以点击，要输入密码 / 手机号等信息后，才可以点击。这在一定程度上预防了用户在没有输入的时候就点击而导致的操作失败。所以，将按钮置灰，按钮就失去了点击的功能，变成了不可用的状态，因此置灰的按钮在用户点击之后是不应该给出反馈信息的。

从上面的分析中可以看到一个权衡：虽然"即时反馈"这条原则很重要，但可预见性也不能违反。具体来说，一个置灰的按钮，如果已经被设置为不可用的状态，就清晰地指示出按钮不能被点击。此时如果点击按钮后弹出提示框，则与此时按钮的可预见性不符合，因此是不可取的做法。

分析到这里，投票页面的例子就清楚多了：点击图 7.20 所示的投票按钮，不应该弹出提示框。但页面中还有很多被置灰的按钮，这个页面看起来不是很友好，不太令人满意。顺便分享一个经验：对页面的不满意，很多时候是迫使设计者做出好方案的法宝。因为不满意，所以设计者会一直想办法优化。保持对不满意的页面的不妥协态度，这非常重要。

分析一下这个投票页面，在投完票之后，用户已经选择了一位选手，此时用户最关心的是"我是否已经投票"了。如果对这个活动比较感兴趣，用户还可能想要了解一下投票的排名，以及浏览一下都有哪些选手参与了投票。因此，这个页面可以改进为图 7.24 所示的方案。

改进后的方案，在用户点击投票之后，首先指明了用户投的是哪位选手、现在该选手共有多少票、排名是多少，后续的页面展示了票数的排名，从而避免了满屏都是置灰按钮的情况。

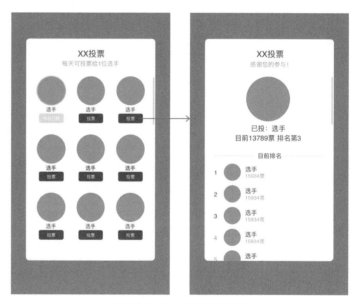

图 7.24　优化后的投票浮层

7.5　通用设计原则

笔者之前在德国读书的时候，读过一篇论文，主要讲述了一个观点：如果两个产品信息相同、交互也相同，但是界面的美观程度不同，用户会倾向于认为界面更美观的那个产品信息的质量更高。这给了笔者一个启发：如果交互稿、PPT 等各种产出物的内容相同，设计师只要再花点时间提升它的外观，就可以得到一份被认为质量更高的作品。这么简单、容易的原则，怎么能不去使用呢？毕竟只要花点心思让交互方案更美观，就可以提升它的竞争力！

当然，笔者还是提倡大家首先从设计思维上提升自己，这样设计出来的交互方案才是足够专业的。本节介绍的方法，旨在帮助大家让交互方案更上一层楼。尤其是在面试的时候，一份美观的交互方案，能够展示设计师的基本设计素养，给面试官留下一个好印象。

1. 对齐

笔者最开始了解"对齐"这个原则，是在设计大师罗宾·威廉姆斯（Robin Williams）的《写给大家看的设计书》一书里，书中介绍："任何元素都不能在页面上随意安放，每一项都应当与页面上的某个内容存在某种视觉联系。"

虽然有时候两个视觉元素离得很远，但是如果它们是对齐的，就会有一条"看不见的线"将它们连在一起，从而使页面变得整洁。我们来看一组对比，如图 7.25 所示。

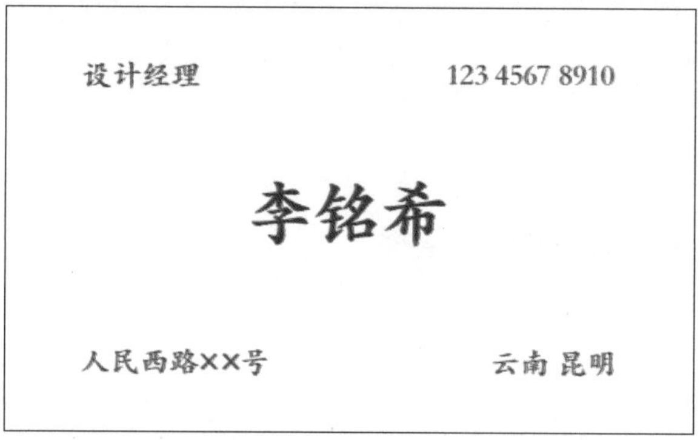

图 7.25　没有对齐的名片设计

这是一个没有使用对齐原则的名片的设计，页面中的元素好像随意摆上去的，它们之间也没有关联。

下面我们使用对齐原则来优化一下，如图 7.26 所示。

信息一下就变得有条理了。名片的右边有一条"看不见的线"，将所有的元素联系在一起。

图 7.26　使用对齐原则优化后的名片设计

对齐的种类主要有三种：左对齐、右对齐、居中对齐。另外，在对大段文字排版的时候，也会用到两边对齐。需要注意的是，要选择尽可能少的对齐方式，对齐的方式多，页面会更乱，就达不到使页面整洁的效果了。如图 7.27 所示，左边的图使用了左对齐和两边对齐，而右边的只使用了左对齐。右边的图显得更加清晰。

图 7.27　对齐效果对比

再来看一个例子，图 7.28 所示的警告框，左边的标题和"知道了"按钮是居中对齐，而中间的文字是居左对齐。右边的全都是居中对齐。右边警告框的视觉效果要更清爽一些。

图 7.28　警告框对比

2. 分类

分类的原则是指将相关的项目组织在一起，并且把不同的类别用留白区隔开。这主要利用了人眼对于互相靠近的物体看起来属于同一组这个规律。图 7.29（a）看起来是横向的三组圆球，而图 7.29（b）看起来是竖向的三组圆球。

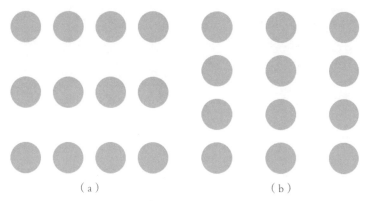

（a）　　　　　　　　　　　　（b）

图 7.29　人眼对于互相靠近的物体看起来属于同一组

在实际应用中，设计师只需要注意两点就好：将相同项目放在一起，不同类别之间留白。就像如图 7.30 所示的例子，其实只是增加了一行空白，但整个页面立即清晰了很多。

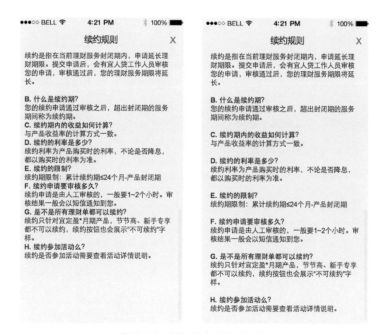

图 7.30　增加留白的前后对比

3. 主次分明

这条原则指的是把重要的信息强化出来，如图 7.31 所示。

将页面中重要的信息提取出来，并使用加大字号、加粗、区隔等形式予以加强，可以有效地将页面信息表现的更清楚。请记住：人们的大脑喜欢一目了然，讨厌混沌一片。所以，请用更大、更明显的样式来设计那些重要的信息吧！

图 7.31　区分主次信息前后对比

　　请从本章介绍的 7 项原则中选择 4 项原则，找出符合这些原则的页面。这将帮助读者更好地理解这些原则。

08

第 8 章

融会贯通

——设计规范有标准

本章将介绍谷歌公司的 Material Design
设计规范和苹果公司的 iOS 设计规范。

这两个规范规定了常用控件的用法。
每种控件都有自己的使用场景和特性，
设计师在进行交互方案设计的时候，
可以直接拿来运用。

8.1 提示框

交互设计师在设计交互稿的时候，常需要一些反馈手段，以提示用户操作的结果。提示框（Toast）是其中很常用的一种。它简单、小巧、对用户的打扰小。然而现在很多 App 中，存在提示框过度使用的情况，并且常常发生安卓样式的提示框出现在 iOS App 中的情形（反之亦然）。在研究了 Material Design 设计规范和 iOS 设计规范之后，笔者发现 iOS 系统中其实是没有提示框这种部件的。到底设计师在设计的时候怎样处理这种部件呢？本节将详细介绍。

8.1.1 Material Design 设计规范

谷歌公司的 Material Design 设计规范将提示框和提示栏（Snackbar）归为一类。

规范中对提示栏的定义：提示栏包含一行与进行的操作直接相关的文案（文案前不可有图标）。它可以包含（最多）一个操作，如图 8.1 所示。

规范中对提示框的定义：提示框优先适用于系统提示。它也在屏幕下方出现，但是不能被滑出屏幕外（而被清除），如图 8.2 所示。

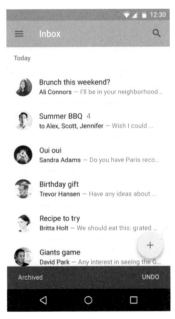

图 8.1　提示栏示意

图 8.2　提示框示意

行为：提示栏/提示框从屏幕底部向上出现，经过设定的时间间隔后消失，或者用户进行了别的操作它们也会消失。

简洁：提示的文案要简短，包含的操作按钮最多只有一个，如图 8.3 所示。注意，提示栏不能包含使其消失的"取消"（DISMISS）按钮！

　　不可重叠：提示栏与悬浮按钮（如图 8.4 所示右下角黄色圆形按钮）不能重叠。

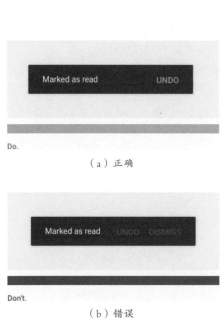

（a）正确

（b）错误

图 8.3　提示栏示意

图 8.4　反例：不能与悬浮按钮重叠

　　一次只出现一个：如果界面出现了一个提示栏，用户在提示下进行了操作，App 需要弹出另一个提示栏，则第一个提示栏先从上向下退出，第二个提示栏再从下向上出现，如图 8.5 所示。

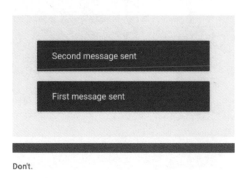

图 8.5　反例：不能同时出现两个提示栏

8.1.2　iOS 设计规范

　　笔者在研究了 iOS 设计规范之后，有个意外的发现：严格地说，iOS 设计规范中没有提示框这个部件。笔者找遍了 iOS 设计规范，都没有找到对于提示框这种部件的介绍，与之最为接近的是警告框（Alert）。但警告框的使用场景与提示框不同，本书将在 8.2 节介绍。在 iOS 系统中，与提示框对应的是透明指示层（HUD），如图 8.6 所示。

iOS 规范中的透明指示层与 Material Design 规范中的提示框有以下 4 项区别。

①透明指示层出现在屏幕的中央，提示框出现在底部。

②透明指示层可以有图标，提示框不能有图标，只能用文字。

③透明指示层一般是毛玻璃透明，提示框一般是灰黑或者黑色半透明。

④透明指示层中内容可以变化（如调节音量时），提示框中内容不可变化。

iOS 设计规范中"反馈（Feedback）"一节中，也没有提到提示框或者透明指示层，笔者认为，iOS 对于提示框这种形式，是比较谨慎的。在介绍反馈时，iOS 设计规范提到：

潜移默化地将状态改变或者其他类型的反馈放进用户的界面中。理想的情况是：用户可以不用进行操作或者被打扰，就能得知重要的信息。

同时列举了苹果公司设计的邮件 App 的例子，如图 8.7 所示。

图 8.6　iOS 系统中的透明指示层弹窗

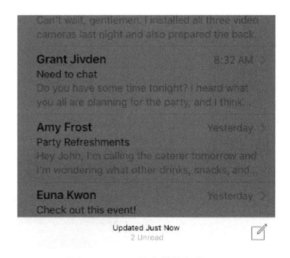

图 8.7　iOS 系统自带的邮件 App

在邮件 App 的工具栏，展示了当前邮件的状态："Updated Just Now，2 Unread（刚刚更新，2 封未读）"。笔者认为，这样的设计正是符合 iOS"不操作、不打扰"的原则。相比之下，在屏幕中间出现透明指示层，虽然也不用操作，但是打扰的程度却严重了许多。因此，在对 iOS 的 App 进行设计的时候，操作的反馈最好是这种打扰程度比较小的，或者通过操作本身就能看到结果的。例如 iOS 系统中的短信 App，用户进行删除操作之后，短信就消失了，这时候就不需要再弹出提示框提示"已删除"，如图 8.8 所示。短信 App 中删除短信的操作演示请扫描二维码查看动态图。

以上对比了 Material Design 和 iOS 设计规范中对提示框这类部件的用法说明。有一点还想提醒大家：规范是官方给出的最标准的做法，但是具体的运用还是要结合场景的需要。

图 8.8 短信 App 中删除短信的操作

练习题

（由于本章的每一节都会介绍一个控件，而控件部分的知识是交互设计师的基础知识，因此每一节结束都会留有练习题，以帮助读者更好地掌握该控件。）

既然 iOS 的设计规范不鼓励使用提示框，那么在日常的设计中，提示框应该在什么情况下使用？

8.2 警告框

在 Material Design 设计规范及 iOS 设计规范中，都有警告框（Alerts）这个组件。笔者研究了这个组件，发现在两种系统中，它们有以下两个共同点。

（1）都出现在页面的中央且自带蒙层，如图 8.9 所示。

（2）警告框的选项通常是两个，且应避免"是 / 否"这样的选项，选项应明确告知用户操作的结果。

两种规范有各自的特点，下面分别详细介绍。

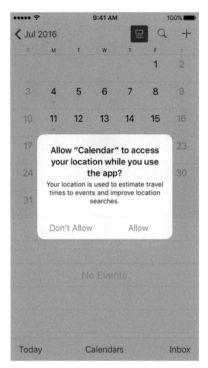

图 8.9　两种系统的警告框

8.2.1 Material Design 设计规范

设计师相对不熟悉的 Material Design 设计规范对于警告框的定义是这样的：

警告框是一种紧急的打扰（提示），以告知用户一项发生了的情况。

需要注意的是，警告框和之前提到的提示栏都是在用户进行操作之后出现的提示框。那么同样是提示类的控件，它们出现的时机有什么区别呢？区别在于：警告框可以看作是操作的确认，可以理解为操作的"最后一步"，只有当用户点击了"确认"按钮，这个操作才算是真正完成；但提示栏是当用户真正操作完了之后才出现的提示信息，其信息的重要程度比警告框要低。另外，在很多情况下，提示栏会有"撤销"按钮，留给用户反悔的余地。

Material Design 设计规范把警告框分成两种：有标题的和没有标题的。

Material Design 设计规范认为大多数的警告框应该都是没有标题的，用一两句话描述一个询问决定的文案。在写这句文案时，有两点需要注意。

①使用疑问句，例如，"删除这个对话？"。

②文案与警告框中的按钮文案要相关联。

按钮的文案应告知用户操作的结果。尽量避免使用"是 / 否"这样的文案，如图 8.10 所示。图 8.10（a）的警告框，按钮文案"DISCARD（删除）"明确地告知了操作的结果；而图 8.10（b）的按钮文案，回答了上面"Discard draft?（删除草稿吗？）"这个问题，但是没有告知操作的结果（其实也就是告知不直接），所以不建议使用。

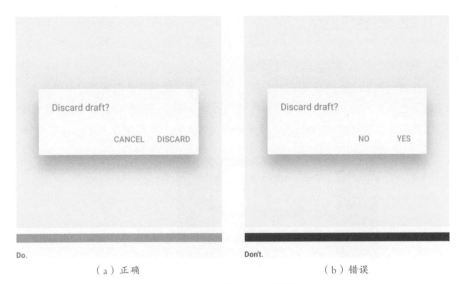

（a）正确　　　　　　　　　　（b）错误

图 8.10　警告框的文案示意

对于有标题的警告框，Material Design 设计规范提出，"只在高风险的操作时使用（例如，操作将导致网络失去连接）"，用户通过标题和操作按钮，就应该能明白是在做什么选择，如图 8.11 所示。

图 8.11　有标题的警告框

标题的写法需注意以下两点。

①尽量使用询问操作的疑问句，例如，"清除 USB 存储内容？"。

②避免使用不包含操作信息或其他有价值信息的问句，例如，"警告！""你确定吗？"。

以上是 Material Design 设计规范中对于警告框的介绍。

8.2.2 iOS 设计规范

iOS 设计规范对警告框的定义是这样描述的：

警告框传达了用户的 App 或设备某种状态的重要信息，并且常常需要用户来进行操作。

规范中对警告框包含的元素做出了如下规定：标题（必选）、描述信息（可选）、输入框（可选）、按钮（必选）。同时，警告框的样式都是磨砂效果的圆角白框，不可更改，如图 8.12 所示。

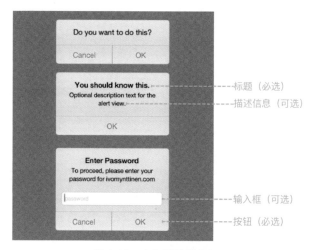

图 8.12　有标题的警告框

关于警告框的使用，iOS 规范给出了两个原则。

① 尽量少使用警告框。iOS 规范认为警告框只用在重要的场景下，例如购买、删除、报错场景。警告框不常出现，确保了它能够引起用户足够的重视。一定要确保每一个警告框都提供重要的信息和有用的操作选项。

② 确保警告框在竖屏、横屏条件下都显示正常。

关于标题、描述信息和按钮这 3 个元素，iOS 规范又分别给出了以下的指导原则。

1. 标题和描述信息

由于标题和描述信息这两部分都是关于文案的规定，所以 iOS 规范放在一起进行了介绍。

标题要尽量简洁，字越少越好。标题可以考虑使用疑问句或者简短的陈述句。对于描述信息，它不是必需的。如果一定需要描述信息，则要保证描述信息尽可能短（1~2 行）。另外，在写这些文案的时候，要尽量避免显得"指责""审判"和"羞辱"。因为用户都知道，警告框的出现，是告知他们出现了问题或者比较紧急的情况的，所以文案要明确地告知这些信息。直截了当的文案传达坏消息也比表意模糊的文案传达好消息要更好一些（It's better to be negative and direct than positive and oblique）。尽量避免使用"你""你的""我""我的"这样的文案，有时候它们会被理解为高傲的或者带有羞辱意味。

2. 按钮

对按钮的设计，需要注意以下几点。

①通常情况下，使用两个按钮。只有一个按钮的警告框通常用于告知（重要信息）。如果需要三个按钮，iOS 规范建议考虑使用上拉菜单（Action Sheets）。

②按钮的文案建议使用能够描述操作结果的文案，避免使用"是 / 否"这样的文案（这一点和 Material Design 设计规范相同）。

③一般来说，警告框左边放"取消"按钮，右边放用户最可能点击的按钮。iOS 规范建议警告框左边表达取消操作的按钮都叫作"取消"，不要使用别的词（例如"撤销""关闭"之类）。如果想强调取消按钮，可以将它加粗。如果按钮中包含"删除"等毁灭性操作，则在样式上应该让按钮文字体现出其重要性。

④ iPhone 的 Home 键自带取消警告框功能。如果页面上有一个警告框，此时用户按了 iPhone 上的 Home 键而退出了 App，那么用户再次回到 App，警告框应该消失（相当于在按 Home 键的时候取消了警告框）。

以上介绍了 Material Design 和 iOS 规范中对于警告框的规定。还是那句话，规范是最标准的情况，场景是千变万化的，具体运用的时候还是需要根据场景来灵活应用。这就像先掌握数学公式，之后遇到不同的题目，就要运用公式来灵活解题。

练习题

　　警告框是一种对用户的操作打断比较大的控件，在日常的设计中，应该在什么情况下使用警告框？

8.3　底部模态浮层

Material Design 设计规范和 iOS 设计规范中都有从底部向上出现的浮层组件。在 Material Design 设计规范中，是模态底板（Modal Bottom Sheet）；在 iOS 设计规范中，是上拉菜单（Action Sheets）和活动视图（Activity Views）。

8.3.1　Material Design 设计规范

在 Material Design 设计规范中，底板分为两种：模态底板和固定底板。本节介绍模态底板，8.4 节介绍固定底板。

模态底板的用法有以下三点需要注意。

①模态底板用列表或者网格的形式，呈现出操作选项。同样具备这个功能的安卓设计组件是菜单和简单对话框，如图 8.13 所示。

②展示一个符合当前情景的操作面板。

③强调模态底板中的元素，如图 8.14 所示。

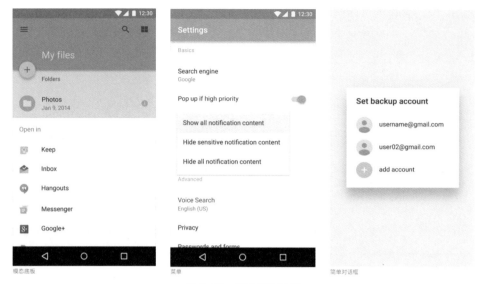

图 8.13　三种组件示例

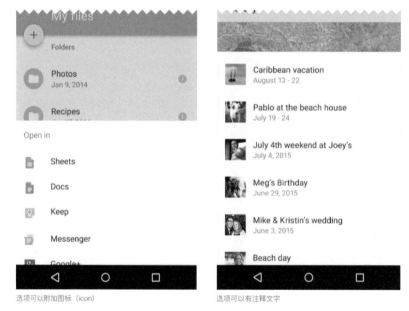

图 8.14　模态底板需强调底板中的元素

　　模态底板有个比较特殊的地方：支持深层链接。我们用图 8.15 所示的例子解释一下。

　　在这个例子中，对单词"fervor"的释义，是来自另外一个词典 App 的。但是当前的阅读 App 直接调用了该词典 App 的释义功能，在当前进行了展示。这就是深层链接达到的效果。除了可以调用内容，深层链接还可以调用别的 App 中的操作。

　　Material Design 设计规范指出，模态底板中可以存在一定程度的导航。例如点击模态底板中的一条链接，可以在模态底板中进入下一级页面。但是模态底板中，无法从下一级页面返回上一级页面，因为模态底板中没有返回按钮，只有一个关闭模态底板的按钮，如图 8.16 所示。

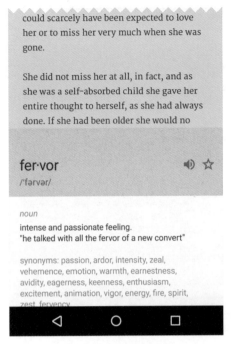

图 8.15　深层链接示意

图 8.16　模态底板左上角为关闭按钮

在展现形式上，模态底板的高度，需要根据选项的高度来确定，如图 8.17 所示。

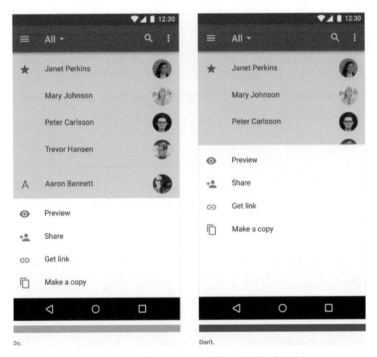

图 8.17　模态底板的高度根据选项的高度来定

当选项过多，导致模态底板高度过高时，要保证模态底板不会覆盖到顶部导航栏。模态底板中允许上下滚动的操作，以查看被遮挡的内容，如图 8.18 所示。

图 8.18　模态底板不能覆盖到顶部导航栏

最后，Material Design 设计规范中提到了四种关闭模态底板的方法：点击系统返回键、向下拖动、点击底板以外区域、点击关闭按钮，图 8.19 所示为后三种关闭方法的示意图。

图 8.19　关闭模态底板

不过，规范中没有提到可以上拉模态底板，使其达到全屏的状态。但是实际应用中，好多 App 都是这么做的。所以这一点在此也提示一下，供大家参考。

8.3.2 iOS 设计规范

在 iOS 设计规范中，出现在页面底部的浮层有两种：上拉菜单（Action Sheets）和活动视图（Activity Views），如图 8.20 所示。

图 8.20　上拉菜单和活动视图

1. 上拉菜单

上拉菜单是当用户激发一个操作的时候出现的浮层。使用上拉菜单让用户可以开始一个新任务或者破坏性操作（如删除、退出登录等）进行二次确认。使用上拉菜单开始一个新任务，在苹果公司官方的邮件 App 里有很多案例，如图 8.21 所示。

图 8.21　上拉菜单操作示意

用户点击"回复"按钮，出现了三个操作供用户选择：回复、转发、打印。这是上拉菜单的一种普遍用法。

当用户进行破坏性操作的时候，上拉菜单成为一个确认性质的存在，防止用户误操作引起了破坏性结果。例如删除照片时会弹出上拉菜单，如图 8.22 所示。

有心的读者可能会想：之前介绍过的警告框（Alerts），在进行一些重要操作的时候也会有再次提示的作用，那么它和上拉菜单有什么区别呢？笔者经过研究，终于在一个英文论坛上找到了答案：

警告框会打扰用户的使用，一般是告知出现的问题、希望用户来处理；而上拉菜单，往往出现在用户点击了"删除"按钮之后，用户对此有预期。

总结一下，这二者在功能上差别不是太大，只是警告框打扰更大一些。

另外，对于这种破坏性操作的上拉弹框，iOS 设计规范建议在设计上突出那个破坏性的操作。例如图 8.22 中的"删除照片"按钮，文案的颜色就被设计成了红色。此外，上拉菜单必须要在底部有个"取消"按钮；同时，应尽量避免出现滚动条。

2．活动视图

这里的"活动"指的就是浮层里包含的每一个操作。活动视图里包含的操作，必须是对当前场景有用的操作。

iOS 设计规范里提到，活动视图可以是从底部出现的浮层，也可以是从按钮处展现的弹出框（Popover），如图 8.23 所示。

图 8.22　上拉菜单起到确认删除
操作的作用

（a）活动视图

（b）弹出框

图 8.23　活动视图和弹出框对比

至于使用哪一种,iOS 规范建议根据尺寸和屏幕的放置方向决定。其实，原来手机屏幕较小时，弹出框这种控件是专属于 iPad 设备的，现在随着手机屏幕尺寸越来越大，弹出框也开始出现在手机 App 的设计里。这也是合理的。

　　另外，在设计活动视图的时候，图标要能表现出操作的意义，文案要尽量简短明确。如果是系统自带的一些操作，如复制、粘贴，iOS 规范建议直接使用系统自带的样式，不要创造新样式。规范里还特别指出，点击活动视图里的操作，不可在原有活动视图之上叠加出现活动视图或者上拉菜单，最多可以出现警告框这种控件。

　　以上介绍了 iOS 设计规范中上拉菜单和活动视图这两种控件，总结如下：

　　上拉菜单可以展示操作（文字形式），也可以对用户的破坏性操作进行二次确认；而活动视图也可以展示操作，只是展示的操作数量更多，且可以使用"图标 + 文字"的展现形式。

　　所以，当操作数目较少的时候，可以考虑使用上拉菜单，而数目较多的时候，最好使用活动视图；对破坏性操作的二次确认，则必须使用上拉菜单。

　　　　上拉菜单和警告框，哪种对用户的打扰更小一点？请分析原因。

8.4 底部固定浮层

　　Material Design 设计规范中的固态底板与 iOS 设计规范中的工具栏是相似的控件，本节对比一下这两个控件。

8.4.1 Material Design 设计规范

　　在 Material Design 设计规范中，有固定底板和模态底板两种底板。它们的区别主要在于状态是否固定：固定底板的状态是固定的，与 App 界面在同一层级；而模态底板的状态是临时的，其层级位于 App 界面之上，如图 8.24 所示。

　　根据 Material Design 设计规范，如果两种底板同时出现，模态底板是高于固定底板的，应该压在固定底板上。

　　另外还有一个区别：模态底板出现的时候，页面会自带蒙层；固定底板出现的时候没有蒙层。

　　下面具体介绍固定底板。固定底板主要用于以下两种情况。

　　①在当前页展示新内容。

　　②展示与主要内容同等重要的新内容，如图 8.25 所示。

　　对于不同尺寸的设备，Material Design 设计规范也给出了详细的说明：对于手机，不论正常或者横置的情况，固定底板都占满 100% 的宽度；对于平板电脑，则要依据内容的多少决定固定底板是否占满 100% 宽度，如图 8.26 所示。

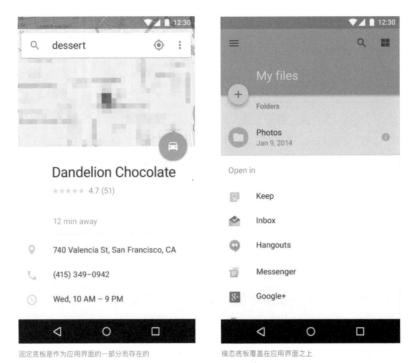

固定底板是作为应用界面的一部分而存在的　　　　模态底板覆盖在应用界面之上

图 8.24　Material Design 规范中的两种底板

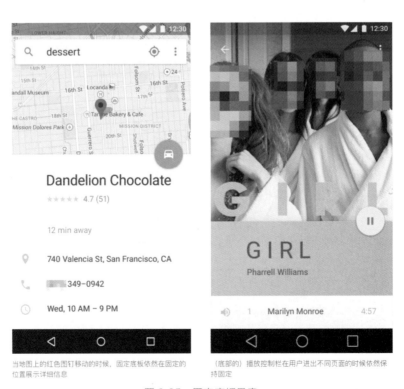

当地图上的红色图钉移动的时候，固定底板依然在固定的　　（底部的）播放控制栏在用户进出不同页面的时候依然保
位置展示详细信息　　　　　　　　　　　　　　　　　　　持固定

图 8.25　固定底板示意

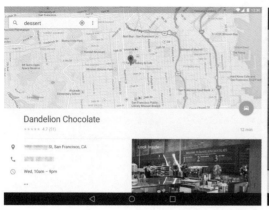 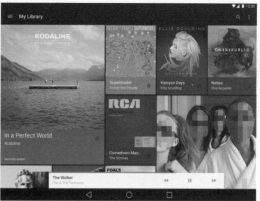

（a）平板电脑上固定底板占满 100% 的宽度　　　　（b）平板电脑上固定底板未占满 100% 的宽度

图 8.26　固定底板在平板上的宽度

对于台式计算机，Material Design 设计规范建议设计师考虑把固定底板移到屏幕左侧，如图 8.27 所示。

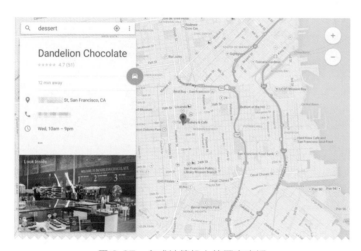

图 8.27　台式计算机上的固定底板

8.4.2 iOS 设计规范

在 iOS 设计规范中，与固定底板对应的控件是工具栏。工具栏出现在页面的底部，它包含对当前页面的相关操作按钮，或者对当前页面中的内容的相关操作按钮。

图 8.28 所示为 iOS 自带邮件 App 的例子，工具栏是半透明的，可以在此基础上加上背景色。它是悬浮在当前页面之上的，当用户不需要使用的时候，可以隐藏它。例如在 iOS 的浏览器 Safari 中，当用户向上滚动查看页面时，工具栏会自动隐藏，因为此时用户的主要目的是浏览页面。当用户点击下半部分的页面时，工具栏将重新展现。另外，当键盘被调出时，工具栏也会被隐藏。

关于工具栏，iOS 规范给出了以下几个需要注意的事项。

①提供（与当前页面）相关的操作选项。工具栏应该提供当前的页面下常用的操作。

②考虑使用图标还是文字来表示操作按钮。如果操作的按钮多于 3 个，使用图标；如果等于或少于 3 个，则文字有时能更清楚地表达操作。例如在 iOS 自带的日历 App 中，就使用了文字来表示操作的按钮，如图 8.29 所示。

图 8.28　iOS 自带邮件 App

图 8.29　iOS 自带日历 App

③避免使用分段控件（Segmented Control）。分段控件让用户可以切换不同的页面，如图 8.30 所示。但是工具栏只针对当前页面提供了一些操作选项，所以不能混用。

图 8.30　分段控件示例

另外，如果想在页面底部让用户可以切换不同页面，使用底部标签导航栏（Tab Bar），而不要使用工具栏，如图 8.31 所示。

④为文字操作按钮提供足够的空间。这一条主要是为了保证按钮不会混在一起，如图 8.32 所示。

图 8.31　底部标签导航栏示例

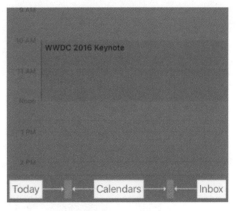

图 8.32　文字操作按钮之间应留有足够的空间

以上为大家介绍了 Material Design 设计规范中的固定底板和 iOS 设计规范中的工具栏。二者都可以为当前页面提供操作选项。不同的是，Material Design 设计规范的固定底板还可以提供内容，并且在尺寸上可以更大（因为可以提供内容）。

练习题
请思考 iOS 的工具栏控件和底部标签栏（Tab Bar，俗称底 tab）外形很相似，都是在底部的一条操作栏，上面有图标 / 文字，它们有什么区别？

8.5 简易菜单、简易对话框和弹出框

简易菜单对应的是 Material Design 设计规范中的 Simple Menu；简易对话框对应的是 Material Design 设计规范中的 Simple Dialog；弹出框对应的是 iOS 设计规范中的 Popover。

8.5.1 Material Design 设计规范

什么是简易菜单呢？先看图 8.33 所示的例子。

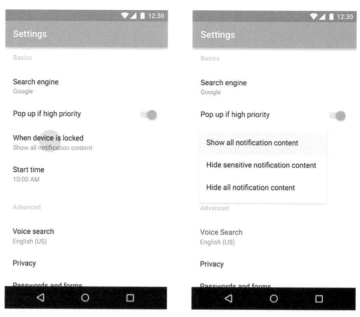

图 8.33　简易菜单

　　分析这个例子，可以发现简易菜单就是在用户当前操作的位置出现的选项集合。它有以下几个规则。

　　①消失规则：当用户选择了某个选项，简易菜单出现；当用户点击简易菜单之外的区域，或者点击安卓系统的返回按钮，则简易菜单消失。

　　②展现规则：简易菜单应该出现在入口的正上方，也就是覆盖住入口，如图 8.34 所示。

图 8.34　简易菜单用法示例

关于"简易菜单应该出现在入口的正上方"这条规则，有一个特殊情况，如图 8.35 所示。

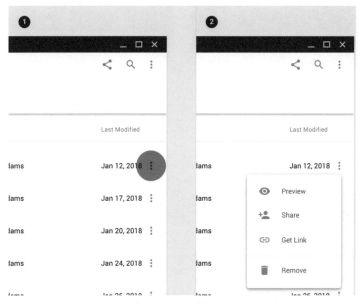

图 8.35 简易菜单出现位置的特殊情况

点击图中"三个点"图标，菜单出现在"三个点"图标的下方。这种出现方式其实与 iOS 设计规范中的弹出框很相似。

另外，简易菜单还有一个展现原则，要把当前已经选择的选项展现在入口的正上方，如图 8.36 所示。图中选项中的第三个，是当前已选择选项，点击入口后，第三个选项位于入口的正上方。

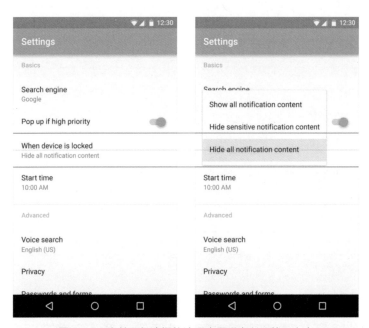

图 8.36 当前已经选择的选项应展现在入口的正上方

一个反例如图 8.37 所示：图中当前已选择的是第二个选项；但是点击入口打开简易菜单，第一个选项出现在入口的正上方，所以是错误的。

图 8.37　当前已经选择的选项没有展现在入口的正上方

但是，也有例外，如果菜单的入口刚好位于页面的边缘位置，导致当前页面展现不下简易菜单了，则不必遵循"当前已选选项必须在入口正上方"这个原则。如图 8.38 所示的例子：点击"Voice search"（语音搜索），在当前位置无法展现完整的简易菜单，因此当前已选选项"English（US）"没有覆盖在入口（即"Voice search"）的正上方。

图 8.38　菜单的入口刚好位于页面的边缘位置

简易对话框和简易菜单很相似，因为它们的功能都是一样的，就是提供一系列选项，如图 8.39 所示。

（a）简易对话框　　　　　　　　（b）简易菜单

图 8.39　简易对话框和简易菜单对比

不同的是，简易对话框除了可以提供选项之外，还可以提供一些相关的操作。另外，在简易对话框中，可以展现头像、图标、一条选项中的说明性文字和其他操作（如"添加联系人"按钮）。简易对话框的呼出方式，可以是点击或者长按，而简易菜单一般是点击。

由于简易对话框出现在屏幕的中央，比简易菜单对用户的打扰更大。所以 Material Design 设计规范建议，尽量使用简易菜单而不是简易对话框。

8.5.2　iOS 设计规范

在 iOS 的设计规范中，与简易对话框和简易菜单相近的是弹出框（Popovers），如图 8.40 所示。

可以看到，iOS 的弹出框和安卓的简易菜单比较相似，但 iOS 的弹出框是出现在入口下面的，且要有箭头，指示入口的位置。

关于弹出框，需要注意以下几点。

①一次只能出现一个弹出框。如果一项操作激发了另一个弹出框，则进行该操作的时候，立即关闭当前弹出框，然后再出现新的弹出框。

②弹出框上面不能覆盖别的控件，警告框除外。

③一般来说，在弹出框上进行了操作，则弹出框关闭。如果需要增加"放弃操作"或者"确认操作"的功能，则可增加"取消""完成"这样的按钮。如果在弹出框里可以进行多项选择的操作，

则需用户点击了"取消""完成"或者点击弹出框以外的区域关闭弹出框。

图 8.40　弹出框示例

练习题

　　　　如果你负责的一个 App，右上角需要一个"+"按钮，点击之后出现三个选项。现在需要为该 App 设计安卓和 iOS 的交互方案，你会如何设计？

8.6　确认弹框和全屏弹框

　　本节介绍的两个控件都是 Material Design 设计规范中的，一个是确认弹框（Confirmation Dialog），另一个是全屏弹框（Full-screen Dialog）。

1. 确认弹框

　　确认弹框是需要用户明确地选择一个选项的弹窗。例如设定手机铃声时，会需要用户选择一个铃声，如图 8.41 所示。

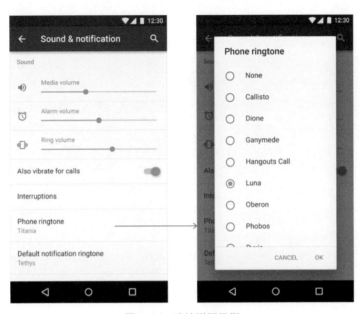

图 8.41 确认弹框示例

如果点击"CANCEL（取消）"按钮，或者点击安卓系统的"返回"按钮，则该弹框消失，并且修改的内容不会保存；只有点击"OK（确认）"按钮，才会保存修改的内容。因为有这个保存修改内容的功能，所以"取消"按钮就显得尤为重要。如果不加"取消"按钮，则用户会不清楚修改的内容是否被保存。图 8.42 所示的弹框只有一个"DONE（完成）"按钮。这使得安卓系统的"返回"按钮的功能变得模糊："返回"按钮是"取消"还是"确认"的意思呢？

另外有一点需要格外注意：在确认弹框里，不要设计会弹出简易弹框或者简易菜单的按钮，因为这会增加它的复杂度。如果一定需要使用这些弹框，则考虑使用全屏弹框。

确认弹框的形式，除了刚刚提到的设定铃声的列表，还可以有很多样式，如图 8.43 所示。

图 8.42 确认弹框反例

图 8.43 确认弹框的其他形式

所有的确认弹框都有一个共同点：弹框里只专注选择一个值。例如图 8.43 左侧所示的日期选择器，只选择日期，而不是既选择日期又选择时间。

2. 全屏弹框

典型的全屏弹框如图 8.44 所示。

全屏弹框承载了一组任务。这些任务在用户点击"保存"或者"取消"按钮之前，都不会独自生效。在全屏弹框里，各种弹框都可以弹出。全屏弹框是所有弹框中唯一允许弹框上面有弹框的。一般情况下，除非是警告框，否则所有弹框都不能在别的弹框之上出现。

至于何时使用全屏弹框，有以下 4 项判断标准。

①所需弹框包含需要输入操作的入口，如输入框或者日期选择。

②改动不是实时保存的，而是点击"保存"按钮之后一起打包保存。

③ App 里没有实时保存草稿的功能。

④需要进行一系列操作或设置，然后再提交它们（其实和第 2 条比较相似）。

关于全屏弹框，有一个需要注意的点，即顶部操作栏。顶部操作栏的左上角一定要放置表达"取消"含义的按钮，而不是"返回"；右上角一定要放置表达"保存"含义的按钮，而不是"关闭"。

先说左上角，图 8.45 所示的例子很好地说明了原因。

图 8.44　全屏弹框示例

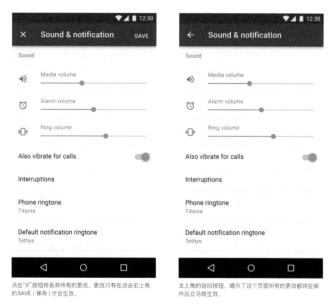

图 8.45　全屏弹框左上角应放置表达"取消"含义的按钮

既然用户的操作不是马上生效，所以当用户点击左上角的"×"时，如果已经进行了一些操作，则应该弹出警告框提示用户。如图 8.46 所示，当用户已经设置了一些选项，则点击"×"时，弹出警告框提示用户将丢弃所做的更改。

全屏弹框右上角表达"保存"含义的按钮，可根据场景选择不同的文案，但最好使用动词，如"保存、发送、分享、更新、创建"等。不要使用模糊的词汇，如"完成""好的（在确认弹框可以用，全屏弹框不能用）""关闭"等。如图 8.47 所示，右上角的按钮为"CLOSE（关闭）"，这会导致用户点击按钮时，不清楚关闭弹框后弹框内的信息是否会被保存。

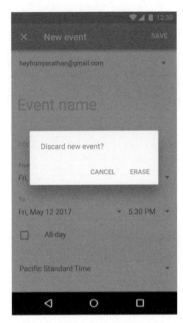

图 8.46 确认关闭全屏弹框的警告框

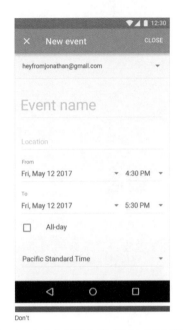

图 8.47 右上角不能使用"COLSE（关闭）"这样的按钮

关于全屏弹框的标题，Material Design 设计规范也给出了建议：标题要简短。若使用随应用场景变化而变化的文案作为标题（如创建活动时，将"活动的名称"作为标题），那么如果不断变化的文案出现长度很长的情况，则应考虑把变化的文案放在全屏弹框的内容部分。如图 8.48（a）所示，标题使用的是"Neuer Termin（新的预约）"，把很长 的 文 案"Kaftfahrzeug Haftpflichtversicherung（车辆责任保险）"移到了内容部分，是正确的做法；而图 8.48（b）所示的标题使用的是"Kaftfahrzeug Haftpflichtversicherung（车辆责任保险）"，是具体一个预约的名称，这个名称会随着不同预约而改变。在这个例子中，名称长度太长，因此放在下面内容区域更为妥当。

而 图 8.48（b） 是错误的情况，因为标题使用 的 是"Kaftfahrzeug Haftpflichtversicherung（车辆责任保险）"。

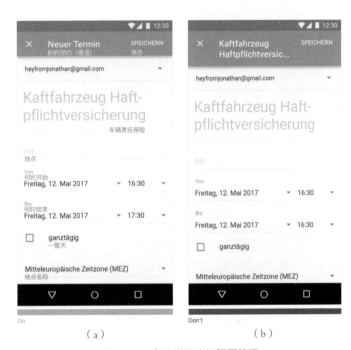

（a）　　　　　　　（b）

图 8.48 全屏弹框的标题要简短

8.7 模态

模态是 iOS 设计规范中一个比较特殊的概念。规范中对模态的定义是：模态让用户聚焦到某一个任务、消息或者视图上而不能做别的事情，直到用户完成了当前的任务。例如警告框，用户必须选择警告框里的一个选项，警告框才会消失，否则用户什么也做不了。这个警告框就创造了"模态"的体验，如图 8.49 所示。

除了一些控件可以创造模态体验，在 iOS 设计规范中，"模态视图"也可以创造模态体验。模态视图是指那些在当前页中插入的"浮层页面"，如图 8.50 所示。

图 8.49　模态示例 1——警告框

图 8.50　模态示例 2——模态视图

从以上两个例子可以看出：不论是控件，还是模态视图，它们创造的模态体验都是阻止了用户的操作，让用户聚焦到模态中提供的信息。

iOS 设计规范中介绍了模态视图的几种形式，如图 8.51 所示。

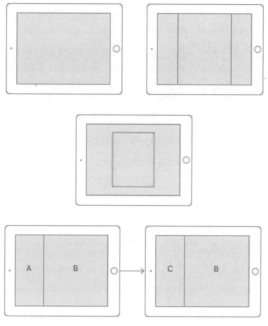

图 8.51　模态视图的几种形式

　　模态视图的典型案例：iOS 系统自带日历 App 中"创建新事件"后的页面，用户点击 App 右上角的"+"后，会从下向上出现图 8.52 所示的页面。

图 8.52　点击"+"后出现的页面

　　一般来说，模态视图包括一个"完成"按钮和"取消"按钮。

　　关于模态视图，iOS 设计规范中有以下 4 点需要注意。

　　①提供明显且安全的出口。保证用户明白他们在模态视图中的操作引起的结果是什么。

②让模态视图中的任务简单、简短、聚焦。如果要在模态视图中创建带有多层级关系的任务，一定要慎重，因为用户很容易忘记它们操作的来龙去脉。

③为任务在模态视图中展示一个标题。可以在标题栏的地方，也可以在别的地方。总之，可以清楚描述任务就好。

④只在展示很重要的提示信息时，才考虑使用警告框。最理想的情况是，警告框可以让用户采取行动。警告框比较打扰用户，所以有必要让用户觉得这种打扰是值得的。

本章前 6 个小节，除了工具栏和固定底板，所有的控件有一个共同的特点：都是从屏幕上弹出来的控件。将这些控件进行整理，如图 8.53 所示。

观察图 8.53 左边 iOS 这一栏，从警告框到活动视图，由于它们都有阻断式的特点，所以它们本身都构建了模态的体验。

关于如何使用模态，iOS 规范有以下 4 点建议。

①尽量少使用模态。因为一般来说，人们使用 App 的时候不是线性的，不是先做 A 再做 B，是想到什么做什么。而模态是线性的，比较强制。iOS 规范建议，只在某个任务特别重要，必须引起用户的注意，或者某个任务必须完成才能继续使用 App，或者 App 需要保存数据时，才使用模态这种设计。

②使用模态时需要提供一个清晰的退出模态的通道。需保证用户总能知道他们在一个模态中操作后的结果。

iOS		Material Design	
模态 (Modality)	警告框 (Alerts)	警告框 (Alerts)	对话框 (Dialogs)
	弹出框 (Popovers)	简易菜单 (Simple Menu)	
	模态视图 (Modal Views)	确认弹框 (Confirmation Dialogs)	
		全屏弹框 (Full-screen Dialogs)	
	上拉菜单 (Action Sheets)	简易弹框 (Simple Dialogs)	
	上拉菜单 (Action Sheets)	模态底板 (Modal Bottom Sheets)	底板 (Bottom Sheets)
	活动视图 (Activity Views)		
横栏 (UI Bars)	工具栏 (Toolbars)	固定底板 (Persistent Modal Sheets)	
查无此控件	提示框 (Toasts)	提示框 (Toasts)	提示框 (Toasts)

图 8.53　弹出类控件的比较

③保持模态里的任务简单、简短、单一。

④不要在一个弹出框上面使用模态视图。弹出框之上唯一可以出现的是警告框（警告框权限真的很大）。如果要在弹出框上面展示一个模态视图，那么先让弹出框关闭，再展现模态视图。

在 Material Design 设计规范中，没有与模态相对应的概念。其实，对话框和模态底板构成的也是模态的体验。

练习题

　　请思考，如果在一个页面，点击按钮之后需要调用一个功能，那么你会使用模态的形式，还是进入一个新页面？两者分别在什么情况下使用？

8.8　弹出类控件对比总结

前面介绍了各种弹出类控件，本节将总结各种控件的特点，方便读者更好地理解这些控件。

1. 提示框

Material Design 设计规范中的提示栏、提示框以及 iOS 设计规范中的透明指示层的对比，如图 8.54 所示。

　　Material Design 设计规范中有提示栏和提示框两种控件，而 iOS 设计规范中没有提示框这种控件，且 iOS 设计规范建议尽量用页面中的元素来表达状态的改变。在实际运用中，很多 iOS 的 App 还是加上了提示框，因为确实有些反馈是需要提示的。但 iOS 规范中的提示框一般放在页面的中央，就像透明指示层一样；而 Material Design 规范中的提示框在页面底部，这是二者最大的区别。

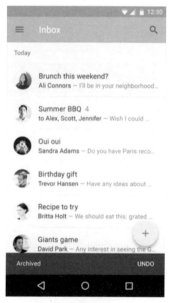

　　（a）提示栏　　　　　　　　（b）提示框　　　　　　　（c）透明指示层

图 8.54　提示框对比

2. 警告框

iOS 设计规范中的警告框和 Material Design 设计规范中的警告框的对比，如图 8.55 所示。

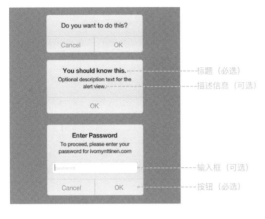

（a）iOS 规范中的警告框　　　　　　　　　（b）Material Design 规范中的警告框

图 8.55　警告框对比

图 8.55（a）展示了 iOS 规范中警告框的几种形式，图 8.55（b）展示了 Material Design 设计规范中警告框的包含元素，其中标题不是必需的。对于警告框，iOS 设计规范和 Material Design 设计规范都建议尽量少使用，必须是告知很重要的信息时才出现。另外，对于警告框的按钮，应尽量告知用户操作的结果，避免使用"是 / 否"这样的文案。

3. 弹出框和简易菜单

iOS 设计规范中的弹出框和 Material Design 设计规范中的简易菜单的对比，如图 8.56 所示。

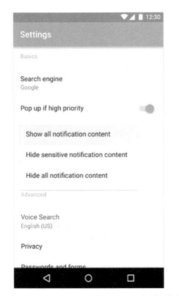

（a）弹出框　　　　　　　　　　　　（b）简易菜单

图 8.56　弹出框和简易菜单对比

需要注意 iOS 规范中的弹出框是自带箭头的，箭头指向入口；而 Material Design 规范中的简易菜单没有箭头，并且菜单是压住入口的，这一点经常会被用错。

4. 上拉菜单和简易弹框

iOS 设计规范中的上拉菜单和 Material Design 设计规范中的简易弹框的对比，如图 8.57 所示。

（a）上拉菜单　　　　　　　　（b）简易弹框

图 8.57　上拉菜单和简易弹框对比

上拉菜单和简易弹框，都是用于提供一些列选项的控件。不同的是，上拉菜单必须包含"Cancel（取消）"按钮；上拉菜单可用于毁灭性操作（如"Delete（删除）"）等的二次确认。而简易弹框没有"Cancel（取消）"按钮，在选项中可加入头像、图标等元素，另外还有图 8.57 中的"add account（添加联系人）"这样的操作按钮。

5. 上拉菜单、活动视图和模态底板

iOS 设计规范中的上拉菜单、活动视图和 Material Design 设计规范中的模态底板的对比，如图 8.58 所示。

细心的读者可能已经发现了，这里又出现了上拉菜单。事实上，这里要总结一下，上面提到的弹出框、上拉菜单、活动视图、简易弹框、简易菜单、模态底板，功能上其实非常相近，都是提供当前环境下的一系列选项。区别是展现形式的不同，还有个别控件有其独特的功能点。在 Material Design 设计规范中，有这样一句介绍：Modal bottom sheets are alternatives to menus, or simple dialogs, and can display deep-linked content from another App（模态底板与简易弹框、简易菜单可以互相替换使用，唯一的区别就是模态底板中可以承载深层链接）。模态底板把这一串控件都串起来了。

（a）上拉菜单　　　　　　　　（b）活动视图　　　　　　　　（c）模态底板

图 8.58　上拉菜单、活动视图和模态底板对比

6. 确认弹框、全屏弹框和模态视图

Material Design 设计规范中的确认弹框、全屏弹框与 iOS 设计规范中的模态视图的对比，如图 8.59 所示。

确认弹框用于确定一个选项。全屏弹框和模态视图可用于较为复杂的任务，它们可以调用别的控件。

（a）确认弹框　　　　　　　　（b）全屏弹框　　　　　　　　（c）模态视图

图 8.59　确认弹框、全屏弹框和模态视图对比

7. 工具栏和固定底板

二者都是固定于页面底部的控件，且都提供与页面相关的操作。

  请根据 8.7 节和 8.8 节的内容，总结出每个控件的最大特点。

8.9 搜索

前文为大家介绍了各种弹出类控件的用法，下面开始介绍其他的非弹出类控件。本节介绍搜索。

"搜索"这个功能，在绝大多数 App 里都会用到。它的场景也相对单一：用户通过搜索功能，可快速找到自己需要的信息。

8.9.1 Material Design 设计规范

Material Design 设计规范在搜索这一部分的开篇是一句加粗的句子："搜索使用户可以迅速定位 App 里的内容。"这是搜索功能的核心。

Material Design 设计规范建议，一般的搜索操作应该至少包含以下 3 个要素。

①打开搜索输入框。

②输入和提交搜索词。

③展示搜索结果。

下面的元素可以帮助用户提高搜索的体验。

①语音搜索。

②搜索历史。

③搜索词自动补充，且补充的结果是用户的 App 的数据库中已有的词汇（这样可以更好地确保结果是有效的）。

Material Design 设计规范提供了 2 种搜索的样式：固定式搜索入口和可展开式搜索入口。固定式搜索入口如图 8.60 所示。

一般来说，如果搜索是 App 的重要功能时，规范建议设计师使用固定式搜索入口。当开始输入关键词时，最好有关键词自动补充，还要有清空按钮，如图 8.61 所示。

可展开式入口其实和固定式入口差不多，区别仅仅是入口形式上的不同，如图 8.62 所示。

关于可展开式入口，还有一点要补充（虽然 Material Design 设计没有提）：由于一般这种形式的入口，都是放大镜这种类型的图标，笔者建议点击后最好设置一个动效，展示从放大镜展开成为输入框的过程。这样会使 App 的设计感更强，用起来更流畅。这是笔者的一点经验，供大家参考。

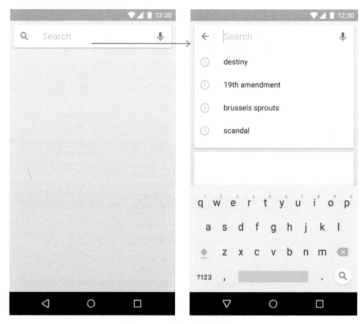

图 8.60　固定式搜索入口

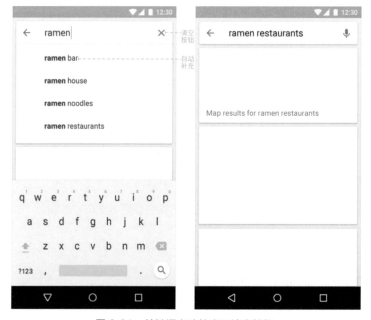

图 8.61　关键词自动补充和清空按钮

图 8.62　可展开式搜索

8.9.2 iOS 设计规范

在 iOS 设计规范中，搜索的部分是以控件"搜索栏"（Search Bar）的形式介绍的，这与 Material Design 设计规范在逻辑上不同。Material Design 设计规范是把搜索当成一个模式（Pattern）来介绍的，所以从入口到输入都有介绍。而 iOS 规范中，关于搜索的介绍只有入口——搜索栏，所以在介绍的逻辑上会有不同。

iOS 规范中的搜索栏也有两种：视觉显著型和视觉隐蔽型。两种搜索栏如图 8.63 所示。

（a）视觉显著型　　　　　　（b）视觉隐蔽型

图 8.63　搜索栏对比

其实二者的差别很小，仅限于它们的背景色：图 8.63（a）用的是纯色（灰色）；图 8.63（b）用的是毛玻璃效果。其实它们的差别主要是在视觉上是否能引起人的注意，所以当搜索的优先级不同时，可以分情况使用。

iOS 规范建议搜索栏可以包含图 8.64 所示的三种元素。

 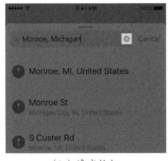 

（a）默认提示词　　　　　　　　（b）清空按钮　　　　　　　　（c）Cancel（取消）按钮

图 8.64　搜索栏包含的三种元素

另外，iOS 规范还给出了一些设计上的建议。

（1）如果有必要，可在搜索栏中提供一些提示和上下文（来帮助用户）。例如，输入框中的默认提示词，文案可以为"搜索衣服、鞋、首饰"或者单纯的"搜索"两个字。在输入框的上面，也可以提供简明的一句话提示，如图 8.65 所示。

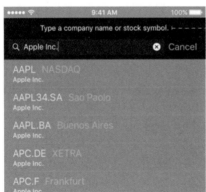

图 8.65　输入框上方的一句话提示

（2）考虑在搜索栏下方提供快速入口和其他内容，以帮助用户更快找到结果。例如 iOS 自带的 Safari，当用户点击搜索栏的输入框时，Safari 就会展示书签，这样用户通过点击书签的内容，有时候能省去输入的步骤，如图 8.66 所示。

另一个例子是 iOS 自带的股市 App，搜索栏下面的列表会根据用户输入的内容不断刷新，方便用户的选择，如图 8.67 所示。

（3）在搜索栏的下面，可加入"分段选择控件"，以帮助用户缩小搜索的范围，如图 8.68 所示。

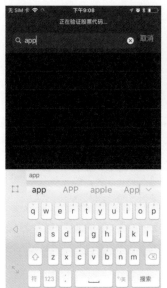

图 8.66　Safari 自动展示书签　　　　　　　图 8.67　iOS 自带的股市 App

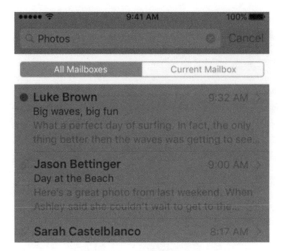

图 8.68　分段选择控件

　　分段选择控件里，每一段所定义的范围是否清晰且有用很重要。这里 iOS 规范提示我们，最佳的手段不是使用分段选择控件，而是优化搜索结果的列表，这样用户也不需要为了选择分段而再多点击一下。其实对搜索列表的筛选操作，很多电商的 App 已经设计得非常出色了。

　　以上对比了 Material Design 设计规范和 iOS 设计规范中对于"搜索"的介绍。

练习题

　　　　用户使用搜索的流程里，都会包含之前讲过的"发现→了解→操作→跟进"的流程。请以淘宝 App 为例，分析整个流程，并分析每一步为什么要这样设计。

8.10 滑动器

滑动器这个控件应用的机会不多，主要适用于滑动设置数值的情况。下面详细介绍。

8.10.1 Material Design 设计规范

在 Material Design 设计规范中，滑动器被分成了两种：连续式滑动器和分离式滑动器。从名字也能看出它们的区别：前者的数值是连续的情况；后者是分离的，也就是滑一下，只能选择特定的数值。

1. 连续式滑动器

连续式滑动器可以有两种布局：图标在左和图标在左右都有，如图 8.69 所示。当按住滑动器的按钮时，按钮的状态会发生变化，以表示"按住"的状态，如图 8.69（b）中第三行（Focus）所示。

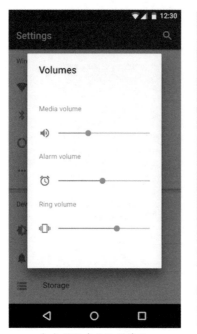
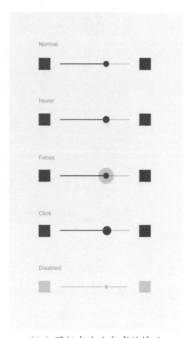

（a）图标在左边的情况　　　　　（b）图标在左右都有的情况

图 8.69　两种连续式滑动器

另外，Material Design 设计规范中有一种比较特殊的滑动器：滑动器的最右端展示数值，并且数值可以更改，如图 8.70 所示。

滑动按钮的时候，数值跟着改变，并且点击数值可以进行修改。该种滑动器适用于需要设置具体数字的场景。

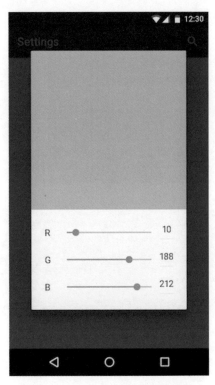

图 8.70 滑动器的最右端展示数值

2. 分离式滑动器

分离式滑动器在滑动器的滑杆上预设了固定的数值，用户左右滑动的时候，只可以选择这些预设的数值，如图 8.71 所示。

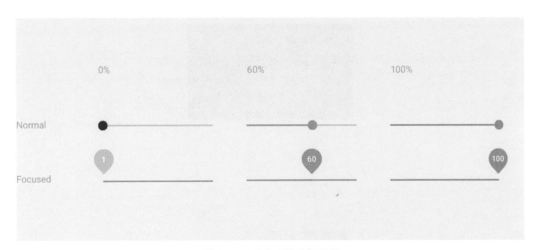

图 8.71 分离式滑动器示例

图 8.71 中第一行展示的是默认状态，第二行展示的是按住按钮时的状态，此时在滑动器上方展示了具体的数值。需要注意的是，当用户从一个数值变到了另一个数值，页面需要展现出可以察觉的变化，以给出即时的反馈。

8.10.2 iOS 设计规范

iOS 设计规范中定义：滑动器只有水平的。通常包含一个滑动按钮，用于滑动进度；最左和最右用于表示最小值和最大值，如图 8.72 所示。

图 8.72　滑动器示例

iOS 规范建议：可以更改滑动器的外观提升界面的美感，例如进度条的颜色、滑动按钮的外观、左右图标等。

另外，笔者根据工作中的实践，也有一个建议：滑动器在音乐、视频等有播放功能的 App 中使用比较多，可以加入一些实用功能或情感化元素，以丰富用户的体验。例如 YouTub App 中，用户在滑动器里滑动按钮的时候，滑动器上方会出现一个预览框展示当前这帧的画面，方便用户预览，如图 8.73 所示。

图 8.73　YouTube App 中滑动器的按钮展示预览框

练习题　　滑动器是一个比较简单的控件。请大家思考，在使用这个控件的时候，需要注意什么？

8.11 按钮

按钮是设计的过程中经常会用到的一种控件。本节将介绍两种规范对按钮的规定。

8.11.1 Material Design 设计规范

Material Design 设计规范中介绍了按钮的作用：按钮告知用户按下按钮后将进行的操作。按钮可以被理解为一个操作的触发器。按钮主要有以下五种：扁平按钮、凸起按钮、底部常驻按钮、下拉菜单按钮和开关按钮。下面为大家一一介绍。

1. 扁平按钮

扁平按钮就是把文字用作按钮，如图 8.74 所示。

图 8.74　文字按钮示例（图中红色虚线所示即为文字按钮）

行为：在点击扁平按钮的时候，按钮不会有升起的动作，但是它的背景会有一个从中间向四周扩展颜色的动效。扁平按钮的各种状态如图 8.75 所示，动态图可扫描二维码查看。

图 8.75　扁平按钮的各种状态

扁平按钮各种状态下的样式如图 8.76 所示。

（a）扁平按钮的各种状态（静态）　　　　　（b）按下扁平按钮时的状态示例

图 8.76　扁平按钮各种状态示意

用法：扁平按钮一般用在警告框中，推荐居右对齐。一般右边放操作性的按钮，左边放取消按钮。如果用在卡片中，扁平按钮一般居左对齐，以增加按钮的曝光。不过，卡片有很多种不同的样式，设计师可以根据内容和上下文来安排扁平按钮的位置。只要保证在同一个产品中，卡片内的扁平按钮的位置统一就可以了，如图 8.77 所示。

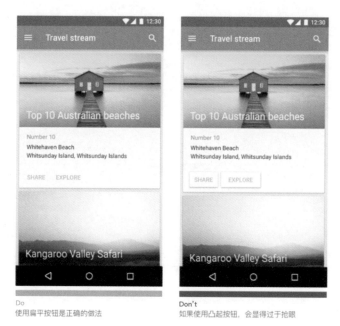

Do
使用扁平按钮是正确的做法

Don't
如果使用凸起按钮，会显得过于抢眼

图 8.77　扁平按钮的正确和错误用法示例

2. 凸起按钮

凸起按钮由于具有一定的高度，视觉上相对抢眼，所以可以起到强调按钮本身的作用，如图 8.78 所示。

当页面的布局中有很多不同的内容类型（文字、图片等）时，使用凸起按钮以强调该按钮

凸起按钮可以帮助区隔不同的内容区块

图 8.78　凸起按钮示例

当页面中的按钮需要强调的时候，建议使用凸起按钮，如图 8.79 所示。

行为：当点击凸起按钮时，按钮的背景会从中间向四周填充颜色，同时按钮本身会升起作为反馈，如图 8.80 所示。

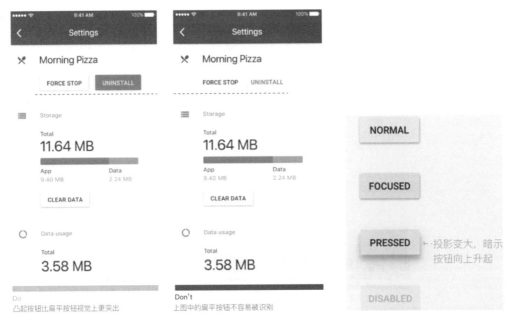

图 8.79　凸起按钮的正确和错误用法示例　　　　　图 8.80　凸起按钮的各种状态

3. 底部常驻按钮

如果 App 需要用户随时可以进行某个操作，那么可以考虑使用底部常驻按钮，如图 8.81 所示。

图 8.81　底部常驻按钮示例

4. 下拉菜单按钮

下拉菜单按钮允许用户从一系列选项中选择一个选项。按钮默认会展示当前选中的选项以及一个下拉箭头，如图 8.82 所示。

当用户点击下拉菜单按钮，选项会在按钮的正上方弹出，挡住下拉菜单按钮，如图 8.83 所示。

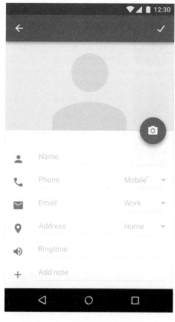

图 8.82　下拉菜单按钮示例

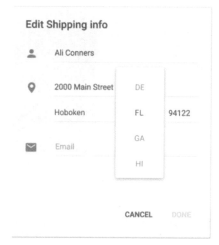

图 8.83　点击下拉菜单按钮

需要注意的是，下拉菜单的选项可以设计成允许修改的，设计师可以根据需求决定是否需求可修改的属性。具体如图 8.84 所示。

5. 开关按钮

开关按钮就像开关一样有两种状态：点击一下，它就会从状态 A 切换成状态 B；再次点击，又从 B 切换成 A。常见的如喜欢、收藏按钮，如图 8.85 所示。

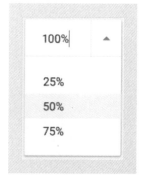

图 8.84　选项值可修改的下拉
　　　　　菜单按钮

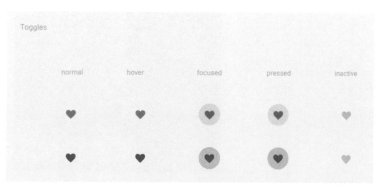

图 8.85　开关按钮示例

8.11.2 iOS 设计规范

iOS 设计规范对于按钮的介绍要简略得多，主要有三种按钮：系统按钮、信息按钮和添加联系人按钮。

1. 系统按钮

所谓的系统按钮，其实与 Material Design 设计规范中的扁平按钮一样：单纯使用一个词作为一个按钮，如图 8.86 所示。

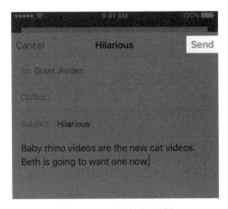

图 8.86　系统按钮示例

关于系统按钮，iOS 规范给出了以下 3 项要点。

①使用动词。动词可以表明这个词是可操作的，并且说明了点击之后会有什么效果。

②尽量使动词简短。

③只在必要的情况下增加边框或者背景色。默认情况下，系统按钮是没有边框和背景色的。但在某些情况下，如果需要强调该按钮，则可以增加边框和背景色。

2. 信息按钮

信息按钮很好理解，就是点击之后会出现相关的详细信息。详细信息一般以模态的形式出现，如图 8.87 所示。

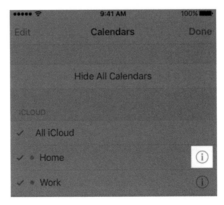

图 8.87　信息按钮示例

有一点需要特别注意：如果是通过点击整行来出现详细信息，那么不要同时使用信息按钮，否则容易引起误解。

3. 添加联系人按钮

添加联系人按钮比较简单，就是点击按钮之后会出现联系人的页面，一般也是以模态视图的形态出现，如图 8.88 所示。

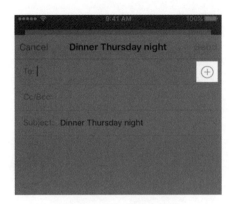

图 8.88　添加联系人按钮

以上介绍了 Material Design 设计规范和 iOS 设计规范中高频使用的按钮控件。值得一提的是，Material Design 设计的按钮动效还是很有特色的，在安卓 App 中按照规范来使用，就会有明显的安卓设计风格。大家在做设计时，有机会可以尝试一下。

本节提到了之前介绍过的关于控件的知识，我们来温习一下。

（1）扁平按钮一般用在警告框中。那么，关于它的用法，都需要注意些什么？

（2）点击添加联系人按钮之后，一般是以模态视图的形态出现。你还记得什么是模态视图吗？模态又是什么呢？

8.12 标签导航和分段控件

本节介绍的两个控件经常容易混淆以致用错。请读者仔细阅读，防止以后用错。

8.12.1 Material Design 设计规范

标签（Tabs）使内容在一个较高的层级被组织起来。一般一个标签里需要展示与该标签相关的内容。标签的名字需要清楚地描述该标签里所包含的内容。

1. 信息架构

标签导航一般用于从一个比较高的层级来组织信息，呈现出提纲挈领的效果。例如，使用标签呈现报纸的不同版面。不要使用标签导航来呈现不同页码的页面（就像搜索结果页中的第 1 页、第 2 页那种页面），也不要把标签的切换设计成可循环的样式（即在最后一页，继续向下切换又回到第一页）。

如图 8.89 所示的用法示例需要注意。

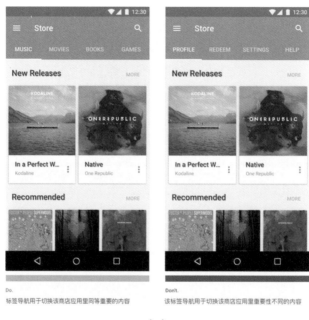

（a）

（b）

图 8.89　标签导航的正确和错误用法示例

2. 内容

一个标签里的所有内容应该属于一个大分类（如"设置"或"音乐"），并且标签之间内容不能有重叠。标签可以包含图标和文字。如果使用文字，则尽量简短。内容方面需要注意的问题如图 8.90 所示。

图 8.90　标签导航标签内容的正确和错误用法示例

3. 使用

标签有两种。一种是固定标签，适用于标签数量比较少的情况。每个标签有固定的位置，有利于用户的记忆，如图 8.91 所示。

另一种是可滑动标签，适用于标签数量比较多的情况。同时，可滑动标签的宽度可以长短不一，根据标题长短决定，如图 8.92 所示。

图 8.91　固定标签示例　　　　　　　　　　图 8.92　可滑动标签示例

通常，建议标签在以下的情况下使用：

①需要经常切换视图；

② App 包含的视图比较少；

③ App 提供的几个视图都比较重要。

8.12.2 iOS 设计规范

分段控件可以包含两个或者更多的分段选项，每一个选项作为一个独立的按钮而存在。在一个分段控件里，所有的分段选项在长度上要保持一致。与按钮一样，每个分段选项可以包含文案或者图片。分段控件通常用来作为不同视图的入口，例如在地图 App 里，分段控件可以让用户在"地图""公交"和"卫星"等视图间切换，如图 8.93 所示。

图 8.93　iOS 系统自带的地图 App

关于分段控件的使用，iOS 设计规范给出了以下 4 项要点。

①限制分段选项的数目，以提高可用性。更宽的分段选项更容易点击。在 iPhone 上，iOS 规划建议一个分段控件包含的分段选项最多是 5 个（其实 5 个一般是足够的）。

②尽量保证每个分段选项里的内容的尺寸是一致的。因为所有的分段选项在长度上需要保持一致，所以如果有的分段选项内容很满，而有的比较空，在视觉上会不太美观。

③在一个分段选项里，避免同时使用文案和图片。尽管单个分段选项里可以包含文案或者图片，但是同时包含二者可能会使界面看起来割裂和混乱。

④如果用户定制了一个分段控件的外观，那么需确保内容的位置是恰当的。例如，如果用户更改了分段控件的背景，那么需确保里面的内容看起来是清晰的，并且是对齐的。

标签导航和分段控件最大的区别是什么？请思考其产生的原因。

8.13 底部导航栏

底部导航栏是现在 App 里常见的一种导航形式，本节进行详细介绍。

8.13.1 Material Design 设计规范

Material Design 设计规范给底部导航栏做了一个描述：底部导航栏可以允许用户通过点击一下，就在不同页面间进行方便的切换。

1. 用法

底部导航栏主要是为手机的导航设计的。如果是在较大的显示屏上（如台式机的桌面），则可以使用侧边导航，如图 8.94 所示。

底部导航栏主要用于以下两种情况。

① 3~5 个同等重要的页面间切换（笔者注：在 Material Design 设计规范中，可视情况使用抽屉导航，如图 8.95 所示）。

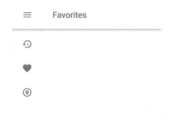

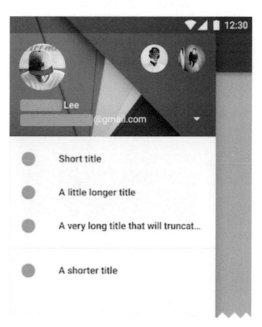

图 8.94　在台式机的桌面上推荐使用侧边导航　　　　　　图 8.95　抽屉导航

②需要在 App 里方便地对页面进行切换（笔者注：如果是 1 个或 2 个页面，可以使用标签导航）。底部导航栏使用时需要注意的情况如图 8.96 所示。

2. 样式

首先，Material Design 设计规范中关于底部导航栏中的图标和文字有如下说明。

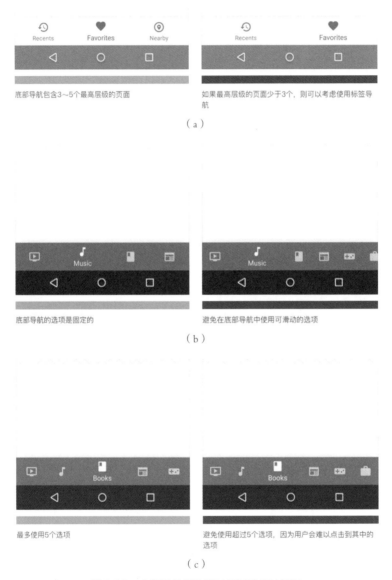

图 8.96　底部导航栏使用时需要注意的情况

①当某个选项是被选中状态，则展示该选项的图标和文字。

②如果只有 3 个选项，则一直展示所有选项的图标和文字；如果有 4~5 个选项，则被选中的选项展示图标和文字，未被选中的只展示图标（实际这一条好像很多 App 都没有严格遵守，笔者也觉得没有必要严格遵守）。

其次，关于颜色，Material Design 设计规范比较提倡使用简单的颜色，避免复杂，如图 8.97 所示。

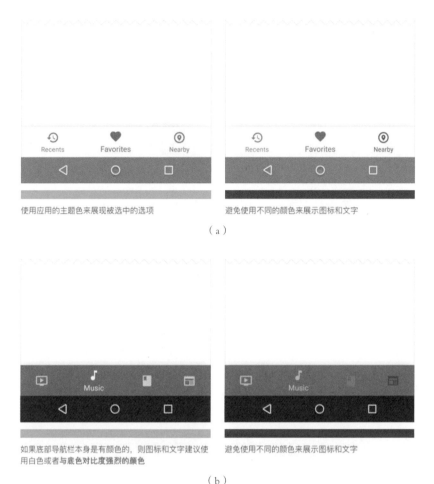

图 8.97　底部导航栏对于颜色的建议

最后，关于每个选项的文字，需要注意文字不要折行（就是不要有两行的情况），不要出现标题使用"…"来省略的情况，不要为了节省空间而缩小文字的字号。

3. 行为

当用户选择点击某个选项时，应该直接展现相应的页面，或者刷新当前的页面；注意不要在点击后展示菜单或者弹出框（Pop-up）。另外，如果点击系统返回键，不要切换到底部导航栏上一次点击的页面。

另外，有以下 3 点需要注意。

①点击当前选项的图标，页面返回顶部。即如果当前在第一个选项的页面，点击第一个选项的图标，则页面回到顶部。

②点击底部导航栏中的选项后，应该返回该页面顶部并刷新该选项的页面（这一点笔者认为也不是必要的，需要根据 App 自身的场景来判断）。

③当点击底部导航栏中的不同选项时，避免页面发生横向切换。

Material Design 设计规范中，对各个组件都规定了它们在垂直方向上的高度。从图 8.98 中可以看到，底部导航栏的垂直高度还是比较高的，仅仅比抽屉栏低一些。

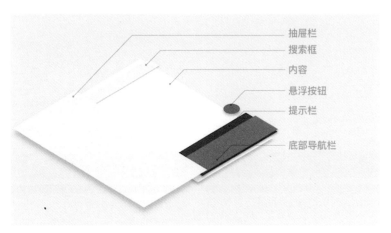

图 8.98　Material Design 设计规范中各控件垂直高度示意

8.13.2 iOS 设计规范

相对而言，iOS 设计规范要简单的多，大部分都是我们平时用到的状态，也较少用错。只需注意以下几点即可。

（1）如果底部导航栏中的某个选项暂时不可用，不要把该选项置灰。在不可用而又点击了的情况下，页面只要展示这个页面为什么没有内容就可以了。

（2）避免使用过多的选项。当然，如果选项过少也会有问题。一般在 iPhone 上，3~5 个选项比较合适。在 iPad 上可以适量增加。

（3）可以使用角标来提示信息数量，如图 8.99 所示。

需要注意的一点是，底部导航栏和之前介绍过的工具栏（图 8.100）是不能同时出现的。

图 8.99　角标示意

图 8.100　工具栏示意

练习题
曾经有一个产品经理提过这样一个需求：希望在任何页面都能一步回到首页。因此他希望在每一个页面中，都能保留底部导航栏，这样做会有什么问题？

8.14 抽屉导航

抽屉导航是 Material Design 设计规范中独有的导航方式，适用于 App 中某些功能比较突出，而其他的功能不太突出的场景（不太突出的功能都可以塞到抽屉导航栏中）。网易云音乐 App 中就使用了抽屉导航，本节后续内容会分析其中使用到的安卓设计控件。下面先介绍 Material Design 设计规范中对抽屉导航的规定。

抽屉导航栏从屏幕最左边向右出现，占据屏幕 100% 的高度（包含系统状态栏的部分）。原有页面被蒙层覆盖，而抽屉导航栏位于蒙层之上，如图 8.101 所示。

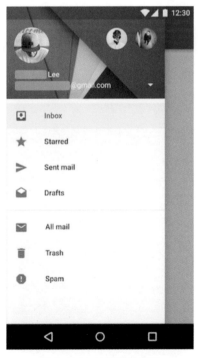

图 8.101 抽屉导航示意

当抽屉导航栏中的一个条目被选择之后，点击处会出现涟漪动效，然后扩展至整个条目。同时，条目主体会变成 App 的主体色，如图 8.102 所示。

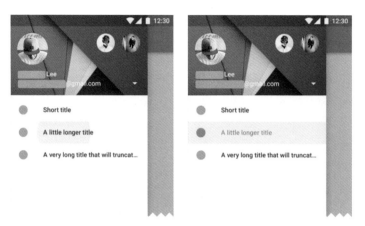

图 8.102　点击示意

抽屉导航栏里的条目可以上下滑动，如图 8.103 所示。

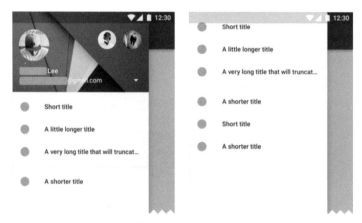

图 8.103　滑动示意

Material Design 设计规范建议，将设置、帮助、反馈、帮助和建议这类入口放在抽屉导航栏的底部。

一般在屏幕的边缘向右滑动，可以呼出抽屉导航栏，也算是一个快捷操作的方法了。而当呼出抽屉导航栏之后，向左滑动，或者点击遮罩，都可以收起抽屉导航。

下面以网易云音乐安卓版 App 的首页为例，分析页面中包含哪些交互控件。

如图 8.104 所示，右图是网易云音乐的首页，其中主要包含的控件有：抽屉导航、标签导航、固定底板。这个页面的布局是很合理的，主要页面放在标签导航里，次要的、不常用的放在抽屉导航里。底部的固定底板是音乐播控栏，也是作为一个音乐 App 最常用的操作之一，而固定底板的位置很好地满足了这个高频操作需要。

练习题

如果你现在负责设计一个新闻类 App，大概有 5 个大的模块。请分析使用抽屉导航和底部导航栏各自的优劣。

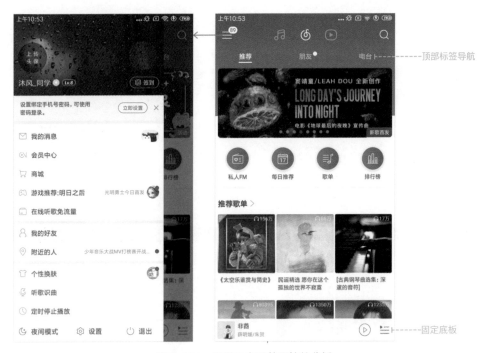

图 8.104　网易云音乐首页控件分析

8.15 手势

随着 iPhone X 将 Home 键去掉，手势在交互导航中的作用更加重要了。本节将介绍 Material Design 设计规范和 iOS 设计规范中对于手势的规定。

8.15.1 Material Design 设计规范

手势导航让用户可以使用滑动手势在同级或者上下级页面之间切换。Material Design 设计规范支持的手势包括：按住水平滑动、按住上下滑动。

手势一般建议用在如下情况：

①自然排序的关系，例如表示日历里连续天数的多个页面；

②包含较少下一级页面的页面；

③包含类似内容类型的页面。

如图 8.105 所示，用户按住页面的同时向下滑动，将这个页面收起，从而回到上一级页面。

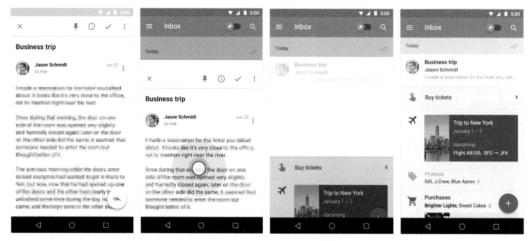

图 8.105　手势返回上一节页面

8.15.2 iOS 设计规范

在 iOS 系统中，边缘滑动手势起到了全局操作的作用。其中，从屏幕左边缘向右滑动，可以返回上一级页面；在 iPhone X 之前的手机，从底部边缘向上滑动，可以滑出控制栏；从顶部边缘向下滑动，可以滑出消息 / 控制中心浮层。用户通过从底部边缘滑动的操作，可以呼出系统级的控制页面，或者返回上一级页面。

需要说明的一点是：对于 HTML5（H5）页面，如果从屏幕左边缘向右滑动，会直接退出 H5 页面，不论用户当前处在 H5 这个系统里的哪一级页面中。所以当我们在设计 H5 页面时一定要注意，尽量防止用户因为使用返回手势而退出了 H5 页面，导致流失率的上升。

对于 iPhone X 而言，由于这款机型取消了经典的 iPhone 的 Home 键，设计了使用手势替代原来点击 Home 键的操作：从屏幕底部向上滑动，可以退出当前 App（相当于单击 Home 键）；从屏幕底部上划后停留，则进入多任务状态（相当于双击 Home 键）。

其实，安卓手机在多年前就出现了没有 Home 键的机型，安卓系统提供了虚拟按键代替 Home 键的功能。iPhone X 的设计则是使用手势来替代原来的点击 Home 键，操作上十分流畅，且不容易误操作，因此是一个巨大的创新，如图 8.106 所示。

另外，对于底部边缘这种系统级的手势的运用，有一点需要注意：当设计师在设计沉浸感强的 App 时（如游戏），有可能会需要使用定制这些屏幕边缘滑动的手势，也就是当用户进行了从屏幕边缘滑动的操作时，不执行系统的控制面板或者返回上一级页面等操作，而是执行游戏里需要的操作。

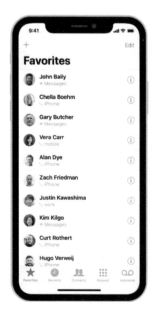

图 8.106　iPhone X 去掉了 Home 键

在这种情况下，iOS 规范建议：

- 第一次进行屏幕边缘滑动时，执行 App 自身的设计；
- 第二次进行屏幕边缘滑动时，执行系统级的设计，即出现系统的控制面板或者返回一级页面等操作。

另外，在 iOS 系统里，如果是 iPad 设备，则还有一个系统级手势：四个手指向中心捏拢，以返回到桌面。这个手势是天然适应于 iPad 的大屏幕的，也是"手势能表现执行的操作效果"这个理念很好的例子。

本节介绍了关于使用手势来进行导航操作的内容。其中，Material Design 规范中，用户可以通过按住页面并向下滑动，关闭一个二级页面，回到一级页面，用户也随时可以使用底部的虚拟按键返回上一级页面；而 iOS 规范中可以在任何二级、三级页面中通过从屏幕左边缘向右划动返回上一级页面。相比较而言，iOS 规范的做法更容易操作。

> 练习题
>
> 安卓版微信使用了 iOS 设计规范中的返回手势，即从屏幕左边缘向右滑动则返回上一级页面。请分析这是否是一个好设计。

8.16 导航设计总结

Material Design 和 iOS 设计规范中，关于导航设计的对比如表 8.1 所示。

表 8.1　导航设计的对比

Material Design	iOS
标签导航 （可以滑动切换）	分段控件 （注意不能滑动切换）
底部导航栏	底部导航栏
手势导航 （按住页面的同时向下拖动，将页面收起返回上一级页面）	手势导航 （从屏幕左边缘向右滑动，可以返回上一级页面）
抽屉导航	—

本节介绍两个设计规范中关于导航设计的内容。

8.16.1 Material Design 设计规范

导航把内容组织起来，因此用户可以在 App 里更方便地找到需要的内容。导航的设计可以包含经常访问的页面，设置选项，或者设计者希望用户进行的操作内容。

如何选择最适合的 App 导航类型呢？需要首先确定用户是谁，他们使用 App 的典型路径，以及设计者希望他们进行的操作是什么。

例如，设计者在设计一个餐馆 App，那么 App 的用户可能需要的操作有：进行预订、在网上晒菜品或者写评价。通过确定大多数用户的目标，设计者可以更好地设计导航结构，以满足用户最优先的需要。下面详细介绍如何确定一个 App 的导航结构。

1. 制作任务清单

找出 App 的用户是谁，以及他们的角色是什么，例如顾客、餐馆老板或者美食评论员。找出那些他们都想执行的、最普遍的任务，如图 8.107 所示。

图 8.107　制作任务清单

2. 确定优先级

给用户的任务分出高、中、低的优先级。在 UI 界面中，给那些用户经常使用或者优先级高的功能以更突出的设计。

根据用户需求的改变，随时调整优先级排序，如图 8.108 所示，当为一个餐馆 App 设计导航时，最高优先级的任务包含"查看餐馆的细节"或"寻找一个餐馆"。

图 8.108　确定优先级

3. 分组和排序

找出用户在 App 中操作的所有流程路径，并通过研究这些路径确定导航设计。

①将用户常用的功能放在导航的显著位置。

②将相关联的任务分成一组，并通过这些分组来确定导航的结构。

如图 8.109 所示，不论用户是希望找到一个新的餐馆，或者是查看他们收藏的餐馆，这两个操作都指向查看餐馆信息这个操作。因此，我们需要在用户搜索或者查看收藏的流程里，让用户可以容易地查看餐馆信息。

图 8.109　分组和排序

4. 拆解

将复杂、大型或者模糊的用户任务分解成更小的用户任务。这些更小的用户任务可以是更常用的、更易懂的任务，或者更好地满足用户目标的任务。

例如，将"搜索"这个大任务，分解成"通过地点""通过名称"或者"通过受欢迎程度"这三个更小的操作，可以揭示出作为导航的一部分，页面里需要添加这三个操作。如图 8.110 所示，大任务"寻找一个餐馆"实际上会包含许多更小的任务，例如，查看附近的餐馆、通过名字搜索、查看最受欢迎的餐馆。这些更小的任务对于用户搜索来说会更简单，因此它们应该被加入导航设计里。

图 8.110　拆解

8.16.2 iOS 设计规范

人们不会注意到导航的设计，除非导航没有满足人们的期望（而让人们受挫）。设计师的任务就是设计一个支持 App 的架构和达到目的的导航，而让用户不会注意到它。导航的设计应该让人感到自然和熟悉，而不应该主导了一个界面或者把用户的注意力从内容引开了。在 iOS 规范中，有三种主要的导航形式。

1．层级导航

在每一级页面只选一个入口，直到用户到达他们的目标页面。如果要去另一个目标页面，用户必须一步步返回或者从头开始重新选择，如图 8.111 所示。iOS 系统里的设置和邮件使用了这种导航形式。

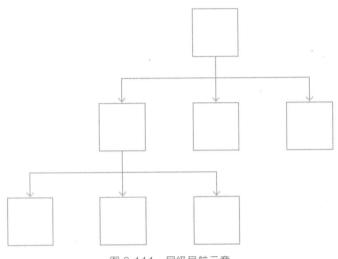

图 8.111　层级导航示意

2．扁平导航

扁平导航允许用户在多个内容分类之间切换，如图 8.112 所示，iOS 系统的音乐和应用商店使用了这种导航形式。

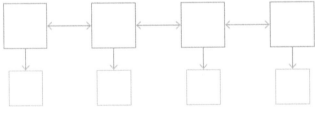

图 8.112　扁平导航示意

3．内容驱动或体验驱动导航

该种导航允许用户在内容间自由地切换，或者内容本身就定义了导航，如图 8.113 所示。游戏类 App、书籍类 App，以及其他沉浸式 App 一般采用此种导航形式。

图 8.113　内容驱动或体验驱动导航示意

有些 App 综合了多种导航形式。例如，App 的大框架采用扁平导航，而每个分类里采用层级导航。

关于导航，iOS 设计规范给出了以下建议。

①总是提供清晰的路径。用户应该总是能够知晓他们现在在哪儿以及如何去他们的目标页面。无论采用何种导航形式，到达内容的路径是逻辑清晰、可预测、容易掌握的，这一点至关重要。一般来说，给每个页面分配唯一的路径。如果需要让用户在不同的情况下都看到同一个页面，那么要考虑使用上拉菜单、警告框、弹出框或模态视图。

②设计一个能让用户快速、容易地到达内容的信息结构。认真组织 App 的信息结构，以便使用最少的交互操作和页面（就能承载下所有的信息）。

③使用手势来创造流畅的体验。让用户在操作时遇到最少的阻力。例如，设计师可以让用户从屏幕边缘滑动以回到之前的页面。

④使用标准的导航控件。用户对于导航控件已经比较熟悉，这可以让他们迅速地了解如何使用新的 App。

请选择一个 App，分析它的导航是如何设计的，有什么优缺点。

如果由你来负责一个 App 的设计改版，在交互控件层面，你会如何进行改版的工作？

09

第 9 章

登峰造极
——原型制作有技巧

交互原型是设计师通过设计目标分析、竞品分析，
找到设计思路以后，运用设计原则、交互控件，
画出的展现设计方案的最终交付物。

可以说，
交互原型是设计前期所有准备的浓缩和精华。
一份专业的交互原型，能够清晰地展现方案的各种细节。

本章将为大家介绍交互原型的制作技巧。

9.1 什么是交互原型

交互原型是交互设计师的主要产出。设计师在接到产品需求之后，经过一系列分析，将抽象的文字产品需求转化成具体的可视化图形方案。一份好的交互原型，首先必须提供一个好的解决方案。这需要交互设计师依据第 2~6 章的内容，对产品需求进行合理的分析，明确需求的设计目标，并使用最合适的交互方案，帮助团队达到目标。其次，一份优秀的交互原型，还必须符合基本的设计原则、使用符合规范的控件、考虑和展现各种可能出现的情况。

交互原型作为交互设计师日常最频繁的产出，会在产品经理、UI 设计师、开发人员、测试人员等同事中流转，因此也成为他们评判一个交互设计师能力的重要依据。可以这样说，交互原型质量的高低，会成为一个交互设计师能力高低的重要体现之一。

交互原型分为静态原型和动态原型。静态原型的主要作用是用于团队内部协作，传达需求，本质上是一种沟通工具；动态原型的主要作用是产品方案的动态演示和供可用性测试操作时使用，本质上是有一定功能局限的可操作模型。在日常需求中，设计师都是产出静态模型。只有在特别说明需要产品的动态演示，以及需要进行可用性测试时，设计师才需要制作动态原型。

制作静态原型有两种工具可供使用：Axure 和 Sketch。Axure 可以使用站点地图来组织页面，所以比较适合大型的、有多个页面的方案，如图 9.1 所示。

图 9.1　Axure 的站点地图有利于展示页面结构

Sketch 制作原型文件效率高，输出文件为 PDF 格式，美观、不易漏看内容，无设备和网络限制，方便阅读。Sketch 比较适合小型的、功能单一的方案，因为在 Sketch 中，所有的页面都展现在一张大图上。但如果内容很多，页面将变得臃肿。

制作动态原型，推荐使用苹果公司出品的 Principle 软件。另外，还有一个在线的动态交互稿制作网站——Flinto。使用 Flinto 制作动态原型，操作简便，上手容易。

下面主要介绍交互设计师日常工作中使用最多的静态原型。

9.2 交互原型的作用

第 1 章介绍过交互设计师的工作流程：交互设计师从产品经理那里接到产品需求，讨论之后，首先要对需求进行设计分析，明确需求的产品目标和用户目标，必要的时候还要进行竞品分析；在分析之后，就可以运用设计理论、规范和原则开始画交互原型了。交互原型完成之后，需要把它交接给 UI 设计师进行界面设计，之后是给开发人员进行开发、测试人员进行测试。从上面的流程可以看出，交互原型文档的主要"目标用户"，是产品经理、UI 设计师、开发人员和测试人员。如 9.1 节介绍的那样，静态交互原型的本质是一种沟通工具，主要用于团队内部协作，其作用是传达需求。具体来说，不同职能的同事需要从交互原型中获取不同的信息。

①产品经理主要关注设计方案是否满足业务和用户需求。交互设计师与他们讨论产品规划及业务需求后，结合用户需求，分解关键因素，最终归纳出设计目标。而交互原型正是整个设计思路的阐述媒介。

②视觉设计师需要知道产品定位是怎样的，有哪些页面要设计，页面间的跳转是怎样的，各页面各元素包括什么状态，遇到特殊情况（数据加载、网络异常、极端情况等）如何设计等问题。

③开发人员需要知道，产品要实现多少功能，有多少页面，页面间是怎么跳转的，异常情况如何处理，哪里需要动效，动效的效果是怎样的，页面的运行规则（如加载规则）是怎样的等问题。

④测试人员需要参考交互原型梳理测试用例，测试用例需覆盖所有功能、使用场景、操作行为、产品细节，保证上线无 bug 或少 bug 状态。

9.3 交互原型的制作

9.3.1 项目概述

在交互原型的第 1 页，可以加上"项目概述"这个主题，主要展示该需求的基本信息和迭代说明，如图 9.2 所示。

其中项目概况、平台说明和功能列表都比较好理解，迭代说明部分指交互原型的迭代记录。在实际工作中，原型的设计往往不可能一步到位，一般需要经过沟通、评审，慢慢确定最终的原型。在这种情况下，设计师需要把每一次的变更都记录下来，方便项目成员看到每次更新修改的内容，提高工作效率，节约沟通成本，方便后期追溯。

图 9.2　项目概述示例

9.3.2 方案展示

方案展示是交互原型中最核心的部分。需要提醒的是，交互原型的制作是在设计师拿到需求，并经过设计分析后开始进行。制作原型的过程，只是把前面的分析过程的结果用页面的形式画出来。所以交互设计师一定不要把"画原型"当成自己最主要的任务。交互设计师的核心价值，是通过高质量的交互方案达到设计目标，以解决某种问题。

交互原型的本质是一种沟通工具，主要用于团队内部协作，作用是传达需求。因此，为了把需求传达清楚，交互原型中必须包含以下信息。

①功能的完整流程。

②界面及界面中的元素展现需求的所有功能点。

③界面中元素的各种状态说明，包含界面中元素的默认状态说明、操作说明等。

④元素操作后的效果。例如，是否进入新的页面，是否弹出警告框，或者元素自身的变化是否说明操作的结果（如点赞按钮），如果操作失败了该如何提示用户等。

⑤异常、极限状态说明，主要包含无响应、无网络、网络切换、空数据、字符限制、网络慢、数据过期、拉取数据失败、页面不存在、页面状态的改变（如换城市）、首次使用（新手引导）等。

设计师可以从头到尾走查原型的流程和界面，检查原型是否满足了以上②～⑤点。

对于第①点"功能的完整流程"，如果这个功能比较复杂、流程比较长或者流程中逻辑比较多，则需要在交互原型中附上流程图，方便产品经理、开发和测试的同事理解；对于相对简单的功能，则不需要都画出流程图。

如果使用 Axure 来制作交互原型，建议 Axure 里的一个页面只展现一个界面或分支流程（见图 9.3）。这样的好处是可以充分展现一个界面或分支流程的各种状态，查看起来十分清晰。当涉及页面之间的跳转时，设计师需要在跳转的地方标明进行了何种操作，跳转到哪个页面，然后在站点地图中使用一致的页面名称。

图 9.3　Axure 中一个页面只展现一个界面或分支流程

如果使用 Sketch 制作交互原型，那么意味着一个流程中所有的界面都在同一个页面中展现。此时，建议使用蓝色来表现用户操作后的结果，使用绿色来表现对界面中元素的注释。这样做的好处是可以让查看者更清楚地看到功能的流程走向，如图 9.4 所示。

另外，关于如何绘制高质量的交互原型，有以下 6 点建议。

①同一页面的不同状态最好在一个页面展示（不要忽略极端情况）。

②页面之间要对齐，左右排列的页面顶端对齐，上下排列的页面左对齐。

③界面绝大多数元素均使用黑、白、灰，界面色值不超过 3 种。越深的部分代表这个部分越重要。特殊情况下需要强调某个元素，则可以使用彩色。

④界面中的控件，应遵守第 8 章中介绍的 iOS 和 Material Design 设计规范。规范的控件会提升交互原型的专业度。

⑤界面中的图标，可以去 iconfont 官网寻找合适的图标进行示意。如果不使用具体的图标，可以使用圆形、方形来代表"这里需要一个图标"。千万不要使用绘制粗糙的图标，这会降低交互

原型的质量，如图 9.5 所示。图 9.5（a）中是使用输入法输入"+"后绘制的添加按钮，图 9.5（b）是经过精细绘制的添加按钮。这样的细节对于交互原型的品质感有不可忽视的影响。

图 9.4　Sketch 中一个页面展现所有界面

（a）　　　　　　　　　　　　　（b）

图 9.5　粗糙的图标会降低原型品质

⑥如果是为手机 App 绘制交互原型，则可以使用 iPhone 8 标准下的 2 倍图尺寸，即 750px×1334px；如果是为计算机网页绘制交互原型，则可以使用宽度为 1920px 的分辨率，然后考虑在更小的界面下应该如何呈现。

9.3.3 设计分析

对于一些需求本身比较庞大、涉及人员比较复杂的情况，可以在交互原型中加入设计分析的部分。展示设计分析，可以帮助项目组成员更好地理解设计师的交互原型是如何被设计出来的。由于是设计稿而不是一个专门的需要展示设计分析的演示文件，所以设计分析里只需要放入最核心的信息即可，包括：场景分析、产品目标、用户目标。其中场景分析通过第 2 章的场景公式描述出场景，总结出几个关键点。设计分析示例如图 9.6 所示。

设计分析

场景分析 特定用户群：想通过续约增加收益的人群

何时：看到续约提醒或者看到理财单详情的续约介绍

动机：以较高的收益率多购买一段时间，以增加收益

解决办法：1. 在理财单详情显著位置标示出续约的介绍信息
2. 告诉用户续约能得到什么好处
3. 用户在续约时明白续约后对他们的影响
4. 续约后用户能够清楚自己是否续约成功

产品目标 提醒用户续约，充分挖掘续约用户；
保证续约转化率

用户目标 了解续约的好处，完成续约操作

图 9.6　设计分析示例

继续第 6 章中的需求：某 App 要做一个红包活动，只要是最近 30 天内使用该 App 买过商品的用户，就可以得到一个红包。把红包分享给 5 个好友，且好友都领取了红包，分享红包的人还可以再得到一张更大额度的代金券。红包的使用期限为 7 天。产品经理希望领红包的人数量越多越好，且领到红包的人中使用红包的比例越高越好。请结合第 6 章的答案，画出这个需求的交互原型。

10

第 10 章

出神入化

——可用性测试见真章

许多设计师在做完一个方案之后，
可能都会有这样的疑惑：
"我的方案到底是不是足够好呢？"

除了向更专业的设计师请教之外，
可用性测试是一个很好的方法，
它能够帮助设计师直观地了解到方案中的问题。

10.1 可用性测试介绍

很多人喜欢苹果公司的产品。苹果公司设计的台式机、笔记本电脑、手机、平板电脑等电子设备，无论外观还是软件系统，都十分美观实用，让人爱不释手，如图 10.1 所示。

图 10.1　苹果公司的产品

苹果公司为什么能源源不断地设计出受人欢迎的产品？亚当·拉辛斯基（Adam Lashinsky）出版的《苹果内幕》（*Insdie Apple*）一书道出很多苹果公司产品质量出众的原因。其中，不断测试并迭代是一个重要原因。

就像任何优秀的设计公司一样，在苹果公司，即使产品开始制造，其设计的流程也没有结束。当产品进入制造环节时，苹果公司仍然在测试产品并迭代设计。产品一边被制造，一边被测试和审核，设计团队会不断根据测试结果优化产品，然后产品再被制造出来。这个循环一次需要花上4~6 周，并且在产品开发的生命周期里可能会重复很多次。

这是一个花费很高的模式，但也是苹果公司的产品享有盛誉的一个原因。在设计和测试迭代方面投入越多资源，就越有可能制造出在变化的市场上表现令人惊艳的产品。iPod、iPhone 和iPad 都经过这样的设计开发流程。

同样的道理，交互设计师在为手机 App 设计方案时，如果能在方案上线前就进行测试，也将有更大的概率保证方案的成功。很多设计师往往会有这样的疑问：做了大量的研究，分析了场景、研究了用户，交互控件也是了然于心，最后做出来的方案，到底好不好呢？这个时候，可用性测试可以帮设计师在上线之前对方案做出及时的反馈，便于进行相应调整。

另外，对于设计改版，可用性测试也能够发挥出"发现问题、锁定目标"的前期基础性工作，价值不可谓不大。本章主要介绍如何进行一场可用性测试。

可用性测试又称易用性测试，是用户体验研究中最常用的一种方法，侧重于观察用户使用产品的行为过程，关注用户与产品的交互，是更偏重于行为观察的研究。可用性测试的核心，是通过观察有代表性的用户完成产品的典型任务的过程，以发现产品的可用性问题（见图 10.2）。根据可用性测试的规模和复杂程度，可以分为正式的可用性测试及敏捷的可用性测试。

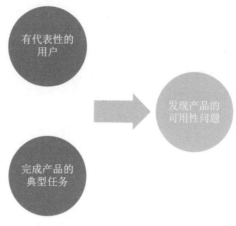

图 10.2　可用性测试的核心

10.2 正式的可用性测试

　　一场可用性测试主要可以分为 7 步：测试前的思考→制作测试原型→撰写测试脚本→招募测试者→设置测试环境→预测试和正式测试→测试结果统计分析。下面依次介绍。

10.2.1 测试前的思考

　　第一步是思考此次测试的目标。这一步容易被很多设计师草草带过，从而导致测试的结果不理想或测试的结论不能给项目带来实际的价值。在测试开始之前，设计师要花一些时间思考一下：这次测试是想验证哪个页面或者流程？通过思考明确测试的目标。在思考的过程中，设计师可以询问相关的产品经理，看看他们有没有想了解的信息。以笔者的经验，产品经理往往会更侧重测试对产品本身带来的收益，比如是什么因素影响了转化率？什么因素导致这个按钮点击率不高？设计师在思考测试目标时，将产品经理想了解的问题考虑在内，可以保证测试结论对公司更有价值。一个可用性测试，不仅要查出线上 App、网站存在哪些让用户觉得使用不方便的问题，从而提升用户的使用体验；而且更要通过发现这些问题，找到潜在的对公司产品的数据有阻碍的设计问题，从而通过优化，消除现有功能中的不利设计，为公司创造更大价值。考虑了用户和公司两方面，设计师在写报告的时候，也更容易引起同事们的共鸣，体现可用性测试结论的价值。

　　在进行了测试前的思考之后，设计师一定要注意把测试目标记下来，这将帮助设计师制订出一个更有针对性的测试方案，为后面撰写测试脚本打下基础。

10.2.2 制作测试原型

测试原型的制作，主要分为以下 3 种情况。

（1）如果需要测试的是一个新项目，交互设计师已经做好了交互原型，通过测试想验证交互方案是否真的好用、用户是否会有疑惑，那么此时设计师的工作，就是将原有的交互原型做成动态可操作的版本，保证测试的时候用户能够操作即可。

（2）如果需要测试的是线上的 App，目的是进行设计改版，那么测试时使用线上的 App 就可以进行测试。

（3）如果需要测试的是自己的某个想法或者某种操作，设计师想验证想法或操作是否有效，那么此时需要根据上一步写下来的测试目标，设计相应的动态可操作原型。

关于动态可操作原型，推荐苹果公司出品的 Principle 软件。使用它可以在计算机上制作动态原型，并且能同步到手机上直接让用户操作。如果制作得精细，动态原型的效果可以和真正的 App 相媲美。目前，Principle 软件只能在 Mac 操作系统上运行。

使用在线的动态交互稿制作网站 Flinto 也可以制作动态原型。

还有一个名为"POP"的 App。设计师只需要在手机上导入提前做好的原型图，然后在手机上对它们进行设置，即可制作成可操作的原型。POP 的功能相对前两个要简单得多，比较适用于两个页面之间的跳转这种对简单功能进行的测试。

10.2.3 撰写测试脚本

测试脚本的意义是把整个测试流程提前写下来，以保证第 6 步"预测试和正式测试"可以顺利、高效的运行。正式的可用性测试是一个大工程，设计师需要提前联系和邀请用户到指定地点进行测试，而且测试过程涉及许多与用户的互动。设计师提前写好测试脚本，可以保证对测试过程更了然于心，从而进行一个顺利的测试。

正式的可用性测试的测试过程包含测试介绍、询问用户基本信息、任务操作、填写问卷 4 步，所以测试脚本需要把这 4 步都写进去。

（1）测试介绍部分，设计师需要向用户介绍以下信息。

设计师的自我介绍；解释测试的目的和所需时间；向用户强调测试的是 App，而不是用户本身；希望用户在测试的过程中有什么想法都要大声说出来；提示用户测试过程中会进行摄像或者录音，但绝不会外泄。

（2）设计师询问用户基本信息的部分，可以作为与用户的热场阶段，从用户的基本情况开始问起，例如用户是做什么工作的，到达预约测试场地的交通方式等。之后可以开始询问用户平时使用某一类 App（通常是和欲测试的 App 相同的类别）的习惯。询问时注意让用户回忆之前使用 App 的情景，让用户像讲故事那样讲述之前使用的情况。

（3）在询问之后，可以进入任务操作阶段。在开始操作之前，需要向用户提示：测试不是为了考验用户，而是来帮助我们找出产品中的问题。在用语上，尽量避免使用"请您来进行测试"这样的字眼，而改为"请您来体验一下我们的产品"。

任务操作部分也是整个测试中最核心的部分。在撰写测试脚本时，需要特别注意根据前面设定的测试目标，设置用户的操作任务。用户的操作任务应该覆盖所有的测试目标。在设置用户任务的过程中，有个核心原则很重要：围绕用户的使用场景来设计。设计师需要先还原用户在使用某个功能时的使用场景，然后发掘该场景下，用户都需要完成哪些操作，以便满足内心的需求。用户需要完成的这些操作，就可以设置为测试中用户的操作任务。这样做的好处，是可以保证测试中用户的操作任务，与实际使用时最大可能的吻合，从而保证测试结果的真实性。

举个例子，笔者为某理财 App 的购买理财产品功能设计的可用性测试任务如表 10.1 所示。

表 10.1　可用性测试任务设计

场景 / 任务	描述 / 目标	
场景	某广告公司职员小李最近刚发了工资，有 5000 元闲散资金，他听说某理财 App 收益很高，于是打开 App 查看是否有合适的理财产品	
任务 1	请查找到一个自己认为合适的产品	【目标】 产品列表页是否提供了足够的信息？ 产品的描述页面，用户是否能够获得需要的全部信息？
任务 2	购买选中的产品	【目标】购买流程是否遇到疑惑？

按照这个思路，先描述场景，然后描述任务，使任务能够覆盖本次测试的所有目标就可以了。

（4）在用户根据任务进行操作之后，需要让用户根据刚刚完成任务时的感受，填写一个问卷。问卷题目的设置，可以使用对满意度打分的形式，让用户对任务中的感受进行评估，例如下面这个例子：

总体来说，我对所做的任务所花的时间的满意度为

1————2————3————4————5————6————7

非常不满意　　　　　　　　　　　　　　　　　　　非常满意

一般题目数目不宜超过 10 个。

10.2.4　招募测试者

一般来说，招募 5~8 名测试者比较合适。这个数字是人机交互专家雅各布·尼尔森（Jakob Nielsen）在他的论文里提出的。通过大量的实验，他发现测试 5 个用户就可以发现大约 85% 的可用性问题，性价比最高，如图 10.3 所示。当然，如果设计师还有余力，可以测试更多的用户。

需要提醒的是，上面的公式仅适用于产品的用户特征较类似的情况。当产品有几个用户特征显著差异的群体时，设计师还需要测试其他用户。

例如，现在有一个儿童及其父母都可以使用的网站，那么两组用户会有完全不同的行为，因此有必要对每组用户分别选取 5~8 人进行测试。 对于用户分别为采购代理和销售人员的产品也是如此。

测试者的选择，可以根据对产品的使用情况、性别、年龄、学历等因素来确定。对产品的使

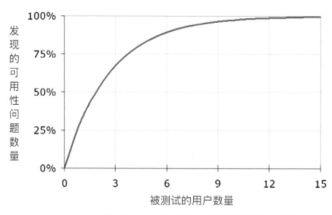

图 10.3　可用性问题数量和被测试的用户数量关系图

用情况这个标准，主要是依据测试的目标决定，例如要测试用户在使用某 App 的金币商城中的问题，则需要选择之前在金币商城进行过兑换的老用户；如果要测试金币商城对用户是否有吸引力，则新用户和老用户都需要测试。至于性别、年龄等因素则一般情况下需要平均分布。如果产品比较特殊，例如美妆类 App，则可以全部或者大部分选择女性用户。总之，选择用户的原则，就是保证被选出的用户是测试目标涵盖的那些用户。

10.2.5　设置测试环境

设置测试环境的目标是让被测试者在测试时感到舒服、不紧张，从而可以得到更真实的测试结果。设计师可以在测试地点的桌子上放一些水、零食、水果等，让用户放松。建议使用摄像设备或者录音设备记录测试过程。如果使用摄像设备，则需要注意考虑一下摄像设备的位置，防止用户在测试的时候一直被摄像设备"盯着"而感到紧张。一般将摄像设备放在用户看不到但又可以清晰录制用户的操作的位置，例如图 10.4 所示的摆放位置就比较合理。

图 10.4　测试环境中摄像设备的摆放位置示意

为什么在测试时需要用摄像设备或录音设备对过程进行记录？这是方便设计师在测试结束后，对测试过程进行复盘，以便总结测试结果。由于可用性测试是一个庞大的工程，邀请过的用户一般只会进行一次测试，将测试的过程都保留下来是为了保证最大化地发掘每次测试中用户暴露的使用问题。有人可能会建议在测试的过程中增加一个记录员的人手，但笔者不建议这么做：记录员在记录的时候难免带入个人的判断，将个人认为的用户错误记录下来，而遗漏了一些其他问题，导致记录的结果不完整。

10.2.6　预测试和正式测试

预测试的过程是找两位不知情的同事，预先进行一遍完整的测试过程，然后总结过程中关于测试本身的问题，以便对测试过程进行优化。

在经过了预测试的考验和校正之后，设计师就可以开始正式的测试了。进行正式测试时，设计师需要按照测试脚本逐步推进，也就是测试介绍、询问用户基本信息、任务操作、填写问卷。最重要的一步就是任务操作。用户在完成任务的过程中，作为设计师，主要的职责是倾听和解答问题，尽量少一些询问，因为这一步的重点是用户的操作行为，过多的询问会打扰用户，影响用户的操作。只有当用户出现犹豫、惊讶的情绪，或任务失败的时候，才进行简单的询问。询问采用一般疑问句，将用户的行为通过具体客观的描述问出来，如"您刚刚没有完成购买是吗？"。如果问完用户，用户并没有自己主动说出原因，可以再接着问一下"为什么？"，或者通过身体前倾、目光注视等非语言方式来暗示用户你希望听到更多内容。若用户很快、很坚定地说出原因，则该理由的可信度较高；如果用户犹豫或难以说出原因，就不用继续追问。

如果用户提出好的意见和建议，应当及时鼓励夸奖，认同其价值。如果察觉到用户给出意见时有犹豫，则应及时鼓励用户大胆讲出来。如果用户在操作中出现了问题，设计师可以请用户放松，说明这不是用户的问题。当用户因为不能完成任务而有挫败感时，设计师需要注意请用户不要把责任归咎于用户自己。

根据笔者的经验，在测试的过程中，设计师要专注观察用户，不用急着做笔记。在测试的过程中，尽量保证对用户每一个疑问的挖掘。至于对用户出现问题的记录，都可以通过录制的视频或音频来进行记录。待测试结束，再对这些记录进行整理和归纳总结。

在用户完成了所有的任务操作之后，记得让用户填写问卷，并对问卷进行回收。

10.2.7　测试结果统计分析

测试完成之后，有一项比较繁重的工作：将录制的视频或者音频转换成文字稿。在这个过程中，设计师需要注意以下关键信息的提取。

①用户在进行任务操作时犯的错误。

②任务完成情况记录：可分为成功完成、求助后完成和未能完成。

③任务完成时间记录：只需要关注耗时较长的任务，对于耗时一般的任务，不去记录。

④任务完成路径记录：需要考虑用户的操作是否符合设计的标准路径，用户在哪里产生了偏离，用户在哪里产生了犹豫。

在以上转换文字稿的过程中，最重要的一点就是要边记录边提取信息，这将帮助设计师更快地得到测试的结论。之后需要再统计一下用户填写的问卷。问卷中用户对于任务完成难易度的评价，以及满意度的评价，这些都可以作为产品的可用性水平的判断依据。

完成之后，设计师需要继续对测试中用户操作时出现的可用性问题进行过滤，将一些明显是个人的错误排除出去。剩下的就是此次测试中发现的有价值的可用性问题。将这些问题进行分类，方便后续撰写测试报告时使用。

对于每个分类里的可用性问题，设计师需要考虑这个问题是局部的还是全局的，产品的其他模块是否也会出现同样的问题。然后根据问题出现频率的高低，将所有可用性问题分为以下三个级别。

①关键问题：若该问题未得到解决，用户将无法顺利完成操作任务。

②重要问题：若该问题未得到解决，将影响许多用户的操作，例如操作时感到迷惑、多次尝试不成功，甚至导致用户放弃操作。

③次要问题：用户在操作时可能感到麻烦，但是仍然会继续完成操作。这类问题可以稍后再修改。

10.2.8　可用性测试报告

在通过以上 7 个步骤收获了许多结论之后，设计师就可以开始撰写可用性测试报告，报告一般包含 3 部分内容：背景介绍、测试方法、测试结果。

1. 背景介绍

简要介绍此次测试的测试目标，测试的时间、地点，使用的设备，参与可用性测试的用户数量。

2. 测试方法

为了方便其他人根据报告复现此次测试，也为了增强报告的说服力，在报告中需要说明测试使用的方法。介绍时，主要参照测试脚本中的 4 个步骤，即测试介绍、询问用户基本信息、任务操作、填写问卷，介绍测试的流程。其中，任务操作部分需要详细介绍，在报告里将所有任务都列出来。

另外，简要描述被测试者的整体情况、用表格展示其人口统计学信息（例如年龄、职业、网络使用情况等）。这是为了说明参与测试的用户和产品的目标用户是契合的，增加报告的可信度。但是需要注意，报告里不要记录被试者的全名。

3. 测试结果

首先需要统计单个被测试者、单个任务的成功率，以及所有任务的平均成功率，并呈现在报告中。之后，设计师需要根据 10.2.7 节中结果统计分析的方法，呈现可用性测试发现的问题类型总结，如图 10.5 所示。

对每一个类型的问题，分别进行详细说明。说明的时候注意要有数据支撑，包括在测试中实际观察到的用户行为、用户评论或者实际统计到的数据,图 10.6 所示为可用性问题示例。

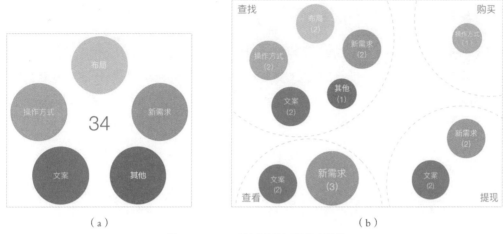

（a） （b）

图 10.5 可用性测试的问题类型总结

用户想找理财产品的具体收益规则,但很难找到 重要

- 用户对理财产品的收益感到疑惑,想了解具体收益规则,但是需要进行3步操作才能找到

1 2 3

图 10.6 可用性问题说明示例

虽然测试报告的主要目的在于发现问题,但也要指出现有系统中一些好的设计（例如,用户普遍反映较好、使用较为方便、没有遇到交互操作问题的设计）,以便告诉开发与设计团队,在后续版本中继续保持这些优秀的实践。

至此,一个正式的可用性测试就完成了。"纸上得来终觉浅,绝知此事要躬行"。建议大家有机会按照本章介绍的内容实践一遍。

10.3 敏捷的可用性测试

上文所述的正式可用性测试流程，由于耗时较长，一般用于设计大改版的情况。设计师可以使用这套方法来发现现有产品的问题，并以此作为出发点，对产品进行设计优化。但在实际工作中，设计师完成了一个需求的交互设计方案，想迅速验证这个方案是不是可靠，往往没有那么多的时间和精力去实施完整的可用性测试。这时，敏捷的可用性测试就成为操作性更强、更迅速有效的验证方法。

10.3.1 媒介即信息

加拿大传播学家马歇尔·麦克卢汉（Marshall McLuhan）有个著名的理论：媒介即信息。这个理论的主要内容是，传播信息的设备本身也是一种信息。同样的信息，通过不同的媒介传播出去，效果是不一样的。例如同样读《红楼梦》，分别是纸质书、电子书或说书人念出来的有声书，这三种方式传达给读者的信息量是不同的。一个很明显的区别：纸质书因为读者可以用笔在纸上随时做笔记，印象会深一些；电子书因为携带方便，读者阅读的时间会更零碎一些；而有声书，由于只能通过听来获取信息，因此听的同时还可以做很多别的事情，接收者可能会更放松一些，记忆也就浅一些。

"媒介即信息"这个结论会对设计师进行测试有什么影响呢？影响就是：方案为哪种类型的设备而设计，就一定要尽量在相应的设备上进行测试。笔者经常会遇到这种情况：方案在计算机上看起来不错，但是一旦将方案呈现在手机上，就立刻会暴露出一些原来没有察觉的缺陷。所以笔者一般设计完方案，都会把方案从计算机发送到手机上，检查方案在手机上呈现是否有问题。

如果是对一两个页面不太确定，只需在手机上查看图片即可；如果是涉及 3 个以上的页面，则需要将图片做成可以点击的样本（Demo）。这里推荐 POP App，在手机上就可以操作，简单易用。如果涉及动态页面，则推荐苹果公司出品的 Principle 软件。图 10.7 展示的例子，是笔者之前用 Principle 制作的一个功能的两个方案。使用这种动态的演示，可以直观展现出想法，比单纯讨论要有效得多。动态原型演示请扫描二维码查看。

10.3.2 设计师自测

当设计师把方案转移到真实设备上之后，就可以开始自测了。自测时，主要依据第 6 章讲过的设计流程的万能公式的 4 个步骤进行，依次查看每一步是否完整。

1. 发现

①功能的入口位置、显著程度、展现形式是否恰当。

②是否需要新手引导。

③从 A 页面 / 状态到 B 页面 / 状态的过渡。

图 10.7　动态原型演示

④点击瞬间（网络问题、动效、频繁点击）。

⑤载入中（网络问题、载入时间、可否取消）。

⑥过场动画。

2. 了解

①由于网络问题无法加载。

②没有内容。

③大量内容（如微信群聊中有许多条旧消息）。

④内容获取失败。

⑤数据过期。

⑥缓存内容。

⑦状态改变导致内容改变（如来到新的城市）。

⑧加载动效。

3. 操作

①网络问题无法加载。

②从 A 页面 / 状态到 B 页面 / 状态的过渡。

③操作前默认提示。

④操作异常状态（如格式错误）。

⑤操作后反馈。

⑥操作失败情况（需要提供提示和解决办法）。

4. 跟进

是否展示清楚哪里可以跟进。

10.3.3 寻找用户进行敏捷测试

顾名思义，这一步就是从身边找若干用户来测试方案。一般来说，只对设计师自己不太确定的某几个页面进行测试或对流程进行简单测试即可，不用测试完整的方案。在测试过程中，有两点需要注意。

1. 注意选择测试对象

如果设计师想了解方案中的专业问题，例如该使用何种控件，此处应该出现浮层还是进入新页面。对于这样的问题，可以请负责交互环节的同事来测试。此时，设计师其实尚未完全对方案定稿，还处在方案的思考过程阶段。如果方案已经定稿，设计师想了解方案的实际效果，也就是用户在使用的过程中是否能够理解页面的含义，在操作时是否方便、有疑惑，则需要找普通用户进行测试。测试的用户对产品了解越少越好。公司的前台、行政人员或公司楼下的路人，都是很好的选择。只有这样，被测试的用户才能代表最真实的用户的反应，测试结果也才能更加准确。

2. 注意测试时的提问方式

这里只要记住一点：避免给被测试者带来引导。例如，设计师想了解用户是否了解一个按钮，可以这样问："您觉得点击这个按钮后应该出现什么？"而不要这样问："您觉得点击这个按钮后是否会打开订单详情页面？"后一个问句中"是否会打开订单详情页面"在无意中提醒了用户点击按钮的去向，属于对用户产生了引导，需要避免。

现在有一个需要测试的功能，如图 10.8 所示。H5 页面左上角的"返回"和"关闭"，如果不用文字，只用图形来表达，问题如下。

图 10.8　测试页面

（1）该功能是否有风险？

（2）用户是否能照常操作？

（3）关于这个测试，设计者应如何确定测试者？

第四篇

设计师的自我修养

11

第 11 章

超凡入圣

——人人羡慕作品集

作品集是面试交互设计师岗位时，
最重要的展现个人设计能力的资料。

本章将介绍如何制作一份专业的交互设计师作品集。

11.1 核心原则

制作一份交互设计师的作品集，有以下 3 条原则需要遵守。

1. 展现设计思路

这是最重要的一条原则。作为交互设计师，一定要在作品集中展现自己是怎么设计出这个方案的。交互设计师的任务，就是在帮助产品经理和用户解决问题，并在商业利益和用户体验之间取得平衡。交互设计师的最大价值，就是当设计师接到需求后，通过沟通、分析，用交互方案来达成这个目的。面试官在面试应聘者的时候，需要找到那些能够一步步解决问题的人，因为实际工作中，交互设计师就是这样来工作的。因此，展现设计思路，就是在告诉面试官，你具备将一个问题分析透彻并提出合理方案的能力。

如何展现设计思路？可以按照这个模板进行：项目介绍、目标用户定义、场景分析、设计目标定义、竞品分析、流程图（简单需求可省略）、交互方案、方案效果（通过数据／用户反馈来说明）。

需要说明的是，如果需求是设计师自己发起的，那么需求介绍要说明自己如何发现某个功能需要优化，然后展示对问题的分析，最后呈现方案和结果。展现设计方案的思路如图 11.1 所示。

图 11.1 展现设计方案的思路

其中，设计师用来发现问题的常用方法有：可用性测试、用户体验地图、用户访谈、数据分析等。

2. 只展现最好的作品

作品集里展现的作品数量，一般以 3~4 个为宜。由于面试官对设计师能力的了解，几乎完全建立在对作品集的认知上，因此，一定要挑选自己最好的作品。面试官的时间很宝贵，如果看了前两个作品还是不能吸引他／她，后面就会开启"浏览"模式了。所以一定要把自己最好的作品拿出来，并且细细打磨。毕竟，作品集代表了设计师的能力。

3. 展现不同方面的作品

既然作品集一般最多展现 4 个作品，因此设计师要好好利用每一个作品的机会，展示自己不同维度的能力。一般来说，可以从以下 5 个方面来选择作品。

①日常工作需求。

②设计师发起的需求。

③改版大需求。

④创新型设计方案。

⑤获奖方案，或者其他智能设备方案（如智能手表）。

如果以上类型你都有能让面试官满意的方案，那么当你拿着自己精心准备的作品去面试的时候，信心都会多上许多。另外，面试的主要内容就是设计师需要向面试官讲解作品集，即告诉面试官自己当时是如何完成这些项目的。因此，设计师可以从作品集出发，进行面试的准备。

11.2 作品集示例

上文提到作品集一般最多包含 4 个作品。下面通过一个例子，介绍设计师如何在作品集中展现自己的设计思路，以做出质量上乘的作品集。这个例子是设计师通过数据分析、用户反馈分析等手段，发现了一些需求，对产品进行优化。下面为大家详细介绍。

1. 项目介绍

这部分主要包含项目背景、设计师职责和需求介绍，如图 11.2 所示。

图 11.2　项目介绍示例

由于该项目的背景相对简单，且网易新闻客户端比较知名，因此示例中没有做过多的说明。如果是比较小众的项目，可以多描述一下项目的背景信息和需求情况。

通过项目介绍，传达的信息是这个项目由设计师通过分析数据、参加用户访谈、竞品分析，发掘了一些优化点，并提出了优化方案。

2. 目标用户和场景

该项目中用户分两类：有目标的用户和没有目标的用户。没有目标的用户通常占据多数，因此主要场景也是从这批用户出发描述的，如图 11.3 所示。

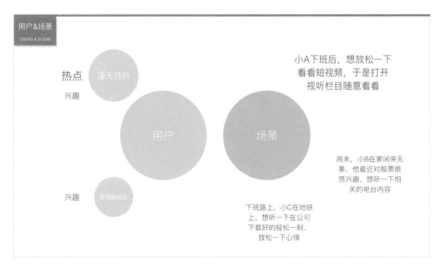

图 11.3　用户和场景描述示例

如果要更详细地描述目标用户，可以使用 2.1.1 节中介绍过的人物模型，如图 11.4 所示。详细描述场景的部分，可以使用 2.2.2 节的场景公式来描述，如图 11.5 所示。

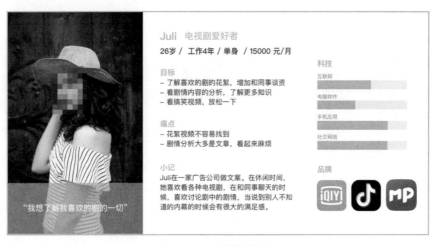

图 11.4　人物模型示例

图 11.5　用户场景描述示例

3. 设计目标

明确了产品的用户，设计师有很多种手段来寻找产品的优化点，常见的如头脑风暴、用户体验地图、可用性测试、数据分析、用户研究等。通过总结研究的结果，可以得到此次优化的用户目标。设计师再通过与产品经理的沟通，了解视听标签的产品诉求，总结设计目标，如图 11.6 所示。

图 11.6　设计目标示例

4. 优化点展示

这一部分是挑选有代表性的优化点进行展示。以用户目标"更快捷地发现视频"中的手段"分类"为例，设计师通过用户反馈，发现用户需要视频分类功能，如图 11.7 所示。

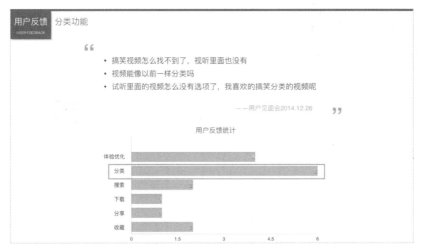

图 11.7　用户反馈示例

除了用户反馈，常用的寻找优化点的方法还有用户体验地图、可用性测试、数据分析等。

5. 竞品分析

既然用户需要分类，那么怎样设计方案才好呢？此时就需要用到竞品分析，从已有的设计中寻找灵感，如图 11.8 所示。

图 11.8　竞品分析示例

6. 流程图和交互方案

由于分类功能比较简单，因此不需要画出流程图。但是像购买商品、登录注册等较为复杂的功能，可以附上流程图。作品集中交互原型的展示，需要展现出方案这样设计的优势，如图 11.9 所示。

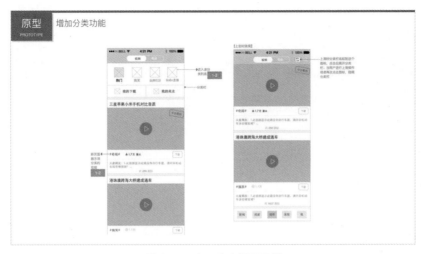

图 11.9 交互方案展示示例

7. 方案效果

说明方案效果最有效的方式，是从数据的角度说明方案上线后数据上涨了多少，如图 11.10
所示（数据非真实数据）。

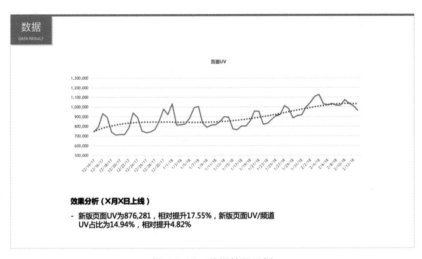

图 11.10 数据效果示例

除了数据，用户满意度提升、口碑调研提升、项目得奖等也可以用来说明方案的效果。

1. 交互设计师的作品集，最需要展现的是什么内容？
2. 作为一名交互设计师，制作作品集时有哪些原则需要注意？

12

第 12 章

返璞归真
——活出自己最优秀

做设计是一个不断学习、持续积累的过程，
尤其是在迅速变化的互联网行业。

如果你的工作中有一位经验丰富、
专业技能很强的专业导师带你，
那你真的是一位幸运儿；
如果你的工作中没有这样的导师，请你也一定不要气馁。

事实上，大多人都不会遇到那样的导师。

这时就需要靠自己不断总结，持续进步。
笔者一直坚信，工作的最大价值，
不是金钱，不是高大上的头衔，而是带给我们的成长。

本章和大家分享笔者的一些心得和经验，
希望对大家的成长有帮助。

12.1 勤于总结归纳

交互设计师在日常的工作中，往往会接到不同类型的需求：有的是 App 改版这样的大型需求，有的是功能单一的小需求。对于大型需求，设计师在做完之后就可以进行复盘整理；对于小需求，建议设计师每周或每两周总结这些需求的设计思路，并用 PPT 的形式沉淀下来，待需求上线，及时补充好方案的数据效果。工作中最怕做完一个需求就扔到一边，这样设计过程中的经验和思路，就很难沉淀下来，设计的水平提升也就比较慢了。

设计是一个比较依靠经验的岗位，尤其是交互设计。在实战中，不断总结不同交互操作的优劣，可以帮助设计师在之后的设计过程中少走弯路。例如，上下滑动就是比左右滑动数据更好，图片就是比文字更有吸引力。有了这些经验，设计师在产品快速迭代的时候，就能够更快地进行设计决策。

12.2 收集优秀案例

作为一名交互设计师，平时做需求时需要不同的灵感，以解决不同需求的不同问题。这些灵感，只靠做需求时的临时寻找是不够的，还需要靠平时的积累。笔者在平时使用、探索各种 App 和软件的时候，喜欢把遇到的优秀的和有设计缺陷的案例保存下来，然后整理、归类到相应的文件夹。

例如关于场景这个主题，试举两个笔者平时收集到的优秀案例。

第一个案例来自网易考拉 App 消息中心。在消息中心的页面顶部有一行提示"开启消息推送"。相信大家都收到过 App 发来的消息推送提醒，而如果没有开启提醒，有的 App 会在首页使用警告框的形式来提醒用户开启提醒，这会造成用户刚打开 App，就弹出一个警告框，造成使用体验上的打扰。但是这个案例中开启提醒的提示被放在了消息中心，这就合理得多：用户查看消息时提醒用户可以"开启消息通知，即时掌握物流信息"，而物流信息是用户希望及时掌握的，如图 12.1 所示。这样的提醒更像是好友之间的温馨提示，而不是一种打扰了。其实，好的设计其实不一定轰轰烈烈、惊天动地，小细节也可以体现设计者的用心，提升 App 品质。

第二个案例来自滴滴 App。在安卓手机上，当有用户使用滴滴 App 叫了一辆车时，手机锁屏，点亮屏幕时就会看到图 12.2 所示的页面。

此处的设计之所以好，是因为用户在打车之后，需要查看车辆信息和位置的提示；而从滴滴产品的角度出发，也希望用户能够尽快按照约定位置上车。一个好的设计能够解决双方的问题。该设计符合用户打车后的场景，且在一定程度上可以起到"督促乘客到达上车位置"的作用，是很好的案例。

图 12.1　网易考拉 App 的开启消息通知提醒　　　图 12.2　滴滴 App 安卓版手机锁屏后看到的页面

　　除了以上设计得比较好的案例，笔者也会收集设计有问题的案例，并通过分析这些案例，提醒自己不要犯同样的错误。例如图 12.3 所示的某 App 的登录页面。

图 12.3　某 App 的登录页面

　　在图 12.3 所示页面中，主要有以下两个问题。

　　①通过滑动操作来登录，在这个页面是不必要的。登录的时候，效率很重要，因为登录是一个用户会觉得麻烦、但对公司的利益有好处的操作。通常，登录用户在 App 的活跃度比未登录的

用户要高，因此作为 App 的设计者，肯定希望用户可以尽快完成登录操作。而这里使用的滑动操作，其操作成本较大，本身是为了防止用户误操作而出现的，因此不符合这里的需要。

②输入密码的输入框右端，清空按钮和"忘记密码"按钮离得太近了，容易造成用户的误操作。

通过以上的分析，能够加深设计师对于页面控件以及元素布局的理解。

设计师在平时收集优秀的和有缺陷的设计案例，是很有效的设计提升方式。大家可以尝试一下。

12.3 为自己而工作

"为自己而工作"这个说法，指的是如果工作的目的只是为了拿到工资，这实际上是为了工资工作，而不是真正为自己工作。真正为自己工作，是珍视自己付出的时间，想把每件事都做好的状态。这两种状态其实差距很大。

如果你是为工资工作，可能会觉得"反正工资就这么多，我为什么要那么快就做好"，或者"差不多就行啦，反正多做一点、做好一点老板也不会多发薪水"。

如果你是为了自己工作，你可能会想"这个方案是我做的，代表了我的水准，我要把它做好"，或者"这个任务能让我接触到管理方面的技能，我要去做"。不同的思维方式，就会导致不同的决策，进而带来不同的收获。

另外，为自己工作，还有一个巨大的价值，就是同一份时间，既出售给了公司，拿到了薪水，也出售给了自己，获得了成长。如果我们工作的时候，除了想到月底会拿到的薪水，还能想到自己做这件事可以实现的成长，就会更认真地对待手上的每一项任务。挑战一下自己，严格要求自己，用尽可能好的工作质量回报自己付出的时间和精力吧。当你持续地成长时，自身的价值也在不断增长，市场自然会给予你相应的回报。在这个变化迅速的时代，保持成长是最好的应对方式。

本书的内容至此就全部介绍完了，希望大家可以运用书中介绍的 9 个设计技能，稳扎稳打，"步步为赢"，设计出能解决问题、满足需要的优秀方案。

请找两个你认为设计得比较好的案例，以及一个你认为设计得不好的案例，并说明理由。

参 考 文 献

[1] 王受之 . 世界现代设计史 [M]. 2 版 . 北京，中国青年出版社，2016.

[2] 原研哉 . 设计中的设计 [M]. 纪江红，朱锷，译 . 桂林，广西师范大学出版社，2010.

[3] Cooper A，Reimann R，Cronin D，et al. About Face 4: 交互设计精髓 [M]. 倪卫国，刘松涛，薛菲，等译 . 北京 : 电子工业出版社，2015.

[4] Williams R. 写给大家看的设计书 [M]. 苏金国，刘亮，译 . 3 版 . 北京 : 人民邮电出版社 . 2009.